REINHARD K. SPRENGER

RADIKAL
DIGITAL

REINHARD K. SPRENGER

RADIKAL
DIGITAL

Weil der Mensch
den Unterschied macht –
111 Führungsrezepte

Deutsche Verlags-Anstalt

Meinem Sohn Robin Sprenger danke ich
für vielfältige Fallbeispiele und
Hinweise zu den techno-ökonomischen
Dimensionen der Digitalisierung.

———

Sollte diese Publikation Links auf Webseiten Dritter enthalten,
so übernehmen wir für deren Inhalte keine Haftung, da wir uns
diese nicht zu eigen machen, sondern lediglich auf deren Stand
zum Zeitpunkt der Erstveröffentlichung verweisen.

Verlagsgruppe Random House FSC® N001967

2. Auflage, 2018
Copyright © 2018 Deutsche Verlags-Anstalt, München, in der
Verlagsgruppe Random House GmbH, Neumarkter Straße 28,
81673 München
Alles Rechte vorbehalten
Umschlaggestaltung: Büro Jorge Schmidt, München
Typografie und Satz: DVA/Andrea Mogwitz
Gesetzt aus der Minion
Druck und Bindung: GGP Media GmbH, Pößneck
Printed in Germany
ISBN 978-3-421-04809-7

www.dva.de

 Dieses Buch ist auch als E-Book erhältlich.

INHALT

Die Firma als gut geölte Maschine – dieses Bild dominierte lange die Unternehmensführung. Alles scheinbar Unnötige wurde der Effizienz geopfert. Insbesondere der Mensch. Er war lediglich Lückenbüßer für Aufgaben, die sich nicht maschinell bearbeiten ließen. Insofern war er eigentlich nur geduldet, sollte arbeiten, nicht denken, und seine Individualität störte. Paradoxerweise ist es gerade die technische Entwicklung, die die Re-Integration des Menschen in die Wertschöpfung erzwingt. Denn die Digitalisierung hat eine unbeabsichtigte Nebenwirkung: die Neu- und Höherbewertung menschlicher Fähigkeiten. Ihnen eröffnet sich nun eine echte Realisierungschance. Weil der Markt sie fordert. Und Technik sie ermöglicht.

Ich behandele in diesem Buch nicht die Frage »Wie digitalisieren Sie Ihr Unternehmen in vier Wochen?«, sondern »Was muss Führung tun, um Digitalisierung zu ermöglichen?«. So wie es bisher läuft, läuft es jedenfalls nicht. Wir sind zu langsam, zu unentschieden, zu zögerlich.

Dazu habe ich schon an verschiedenen Orten publiziert. Was lag da näher, als die verstreuten Fundstücke zu bündeln? Viele Vorschläge dieses Buches sind mithin nicht neu, aber auch kein bisschen veraltet. Eingeflochten habe ich Ideen, die mir während Beratungen, Vorträgen oder Seminaren zufielen. Manchmal waren es nur Stichworte, die ich in mein Smartphone tippte oder auf Zettel schrieb, mitunter sogar auf Kotztüten in Flugzeugen notierte. Entstanden sind daraus 111 Rezepte zur Führung in digitalen Zeiten.

Sie werden bemerken, dass etliche der Rezepte auch für die analoge Welt gelten. Wen das wundert, der missversteht die Digitalisierung als lediglich technisches Phänomen. Alles Digitale beginnt analog – und endet auch dort. Das ist das Radikale dieses Buches: Es geht an die Wurzel (lateinisch *radix*) der Digitalisierung, zum Menschen.

Ich habe mich bemüht, Wiederholungen zu meiden. Dass das nicht ganz gelungen ist, lag an der in sich geschlossenen Form der einzelnen Rezepte. Den unzusammenhängenden Duktus der Gedanken habe ich beibehalten, sie jedoch in eine logische Form gebracht. Das hat für Sie als Leser den Vorteil, dass Sie überall einsteigen können. Und auch wieder aussteigen. Das Buch ist ein Steinbruch, aus dem sich herausbrechen lässt, was zu Ihnen passt. Ich möchte Ihnen sogar empfehlen, zwischen den einzelnen Bereichen hin und her zu wechseln, also kreuz und quer zu lesen. Sonst geht es Ihnen vielleicht so wie einst den wunderbaren Go-Betweens: »Too much of one thing.«

Das Schöne an der Zukunft ist, dass wir sie gestalten können. Aber das Verstehen der Digitalisierung ist nicht das Problem. Bekanntlich gibt es nur drei Menschentypen auf der Welt: Solche, die den binären Code verstehen, und jene, die ihn nicht verstehen. Das Schwierige sei vielmehr, so wird mir immer wieder gesagt, das »Wie anfangen?«. Da schweigt der Blätterwald. Dieses Buch steigt deshalb da ein, wo andere aufhören. Mit konkreten Rezepten. So geht's! Legen Sie los! Digital kann jeder! Wo immer Sie als Führungskraft sind, auf jeder Ebene, nicht nur im Top-Management. Nur durch Ihr Tun entscheiden Sie, ob Sie der Digitalisierung die Fackel vorantragen oder die Schleppe hinterher.

EINLEITUNG

Sind Sie Führungskraft in einer Organisation? Ich weiß, als Führungskraft lesen Sie keine Einleitungen. Machen Sie mal eine Ausnahme! Diese Einleitung wird Ihnen helfen, das Buch so zu lesen, dass Sie es erfolgreich umsetzen können. Sie lesen weiter? Dann habe ich eine gute Nachricht für Sie: Sie haben wundervolle Jahre vor sich! Intensive Jahre, da wird keine Langeweile aufkommen. Es werden Jahre sein, die Sie wirklich fordern. Die Arbeitswelt wird sich stark verändern, das Tempo wird weiter zunehmen. Ich erinnere die Frage eines Kongressteilnehmers an die Referentin: »Wann hört denn diese Digitalisierung endlich auf?« Er hatte die Lacher auf seiner Seite. Sie ahnen es: Für den Rest Ihres Berufslebens werden Sie damit zu tun haben. Es werden zudem Jahre sein, die Sie auch »heraus«-fordern. Die Ihnen die Möglichkeit geben, ein anderer, ganz Neuer zu werden. Ein Mensch, der beziehungsreicher ist, verbundener. Denn unser Wesen ist nicht, wer wir sind. Sondern wer wir mit anderen Menschen sind.

Fragen wir uns zunächst: Wie sieht die *technische Seite* der Digitalisierung aus? Heikle Sache, in einem Buch darüber zu schreiben. Während ich dies tue, diskutieren Freunde von mir gerade einen Hedgefonds, der mithilfe von künstlicher Intelligenz kursrelevante Daten auswertet: vom Wetter in Nebraska, das die Weizenpreise bestimmt, bis zur Umsatzprognose eines schwäbischen Mittelständlers, der die Baukonjunktur vorwegnimmt. Wenn das Buch erscheint (die Verlage arbeiten noch im Gutenberg-Universum), ist das wahrscheinlich Schnee von gestern. Und auch manche Firma, die hier beispielhaft genannt wird, gibt es nicht mehr. Also, kein Wort mehr zu Chatbots, Robotern, Bubble-Algorithmen, Zero Screen, Deep Learning, Artificial Intelligence, Blockchain und Konsorten.

Interessanter ist die *wirtschaftliche Seite* der Digitalisierung. Bisher verbesserte Technologie nur Produkte und Prozesse, die wiederum das Konsumverhalten veränderten. Bekanntestes Beispiel ist Apple, das mit dem iPod das Abspielen von Musik digitalisierte, um dann mit iTunes den Einkaufsprozess zu digitalisieren. Nun aber revolutioniert die Digitalisierung ganze Geschäftsfelder. Und eröffnet neue. Zugespitzt in der Frage: »Was hat mein Rasenmäher mit meiner Zahnbürste zu tun?« Insofern befinden wir uns in der zweiten Phase der Digitalisierung, die vor etwa 10 Jahren begann. Wenn Sie in einem etablierten Unternehmen arbeiten, dann wissen Sie, dass der Wettbewerb nicht mehr aus der eigenen Branche kommt. Er findet auf einem anderen Feld statt. Das erschwert das Planen: »Wer ist eigentlich mein Wettbewerber von morgen?« Die von den amerikanischen Unternehmen dominierte IT-Branche dringt in alle Industrien vor. Sie liefert dort nicht nur Hard- und Software, sondern trennt durch Onlineplattformen die etablierten Hersteller von ihren Kunden – »to be amazoned«, kalauert man in den USA. Um das zu verhindern, müssen Sie Ihr bestehendes Geschäftsmodell mit digitalen Services so anreichern, dass Sie täglich in Kundenkontakt kommen. Insgesamt wird dadurch das »Spielfeld« der Unternehmen

- größer, weil durch das Internet und die wachsende Bedeutung von Software in Produktion, Dienstleistung und Handel physische Grenzen überwunden werden;
- kleiner, weil etablierte Unternehmen von neuen, potenziell unzähligen und global agierenden Wettbewerbern sowie Start-ups bedrängt werden;

- unkalkulierbarer, weil die Plattform-Industrie (Google, Amazon, Uber etc.) die Spielregeln ändert;
- unübersichtlicher, weil die Einbeziehung der Kunden zur Personalisierung der Produkte und Dienstleistungen führt;
- schneller, weil die Welt nicht auf uns wartet, weder die Kunden noch der Wettbewerb.

Lassen Sie uns vor diesem Hintergrund kurz über *Deutschland* sprechen. Da ist das Bild uneinheitlich. Es gibt Firmen, vor allem Konzerne, deren Digitalisierungsgrad weit fortgeschritten ist – »Digitalisierungsgrad« definiert als Geschäftserfolg auf digitalen Märkten plus Nutzungsintensität von digitalen Techniken. Andere Firmen sind derart zurückhaltend, dass ich oft nicht weiß, ob ich das selbstbewusst nennen soll oder dumm. Insbesondere im Mittelstand und in Kleinunternehmen träumt man noch oft den Traum analoger Selbstzufriedenheit. Dort wird Ihnen ständig erklärt, warum etwas nicht geht, während man woanders fragt, wieso Sie es nicht längst getan haben. Einverstanden, wir brauchen kein eigenes Silicon Valley, wir können aus der besten Technik weltweit auswählen und in unsere Prozesse integrieren. Aber manche Firmen tun so, als sei das Internet gestern erst erfunden worden.

Und was ist mit *Ihnen?* Vielleicht gehören Sie ja zu jenen, die es nicht mehr hören können, dass die Welt im Umbruch ist; dass Sie raus aus Ihrer Box und sich mit Technologie beschäftigen sollten; dass Sie heute etwas tun müssen, wenn Sie morgen zu den Gewinnern gehören wollen. Aber selbst wenn Sie sich für digitale Möglichkeiten begeistern – spüren Sie davon auch etwas in Ihrer Organisation? Gibt es da die große Umwälzung, die über lobenswerte Inkubator-Initiativen hinausgeht? Hand aufs Herz: Sind Sie persönlich in ein digitales Projekt involviert?

Die meisten Manager sind es nicht. Bei einer Umfrage unter 1000 Führungskräften 2017 gaben 65 Prozent an, sie seien noch nie selbst in ein digitales Projekt eingebunden gewesen. Das korrespondiert mit einer Umfrage desselben Jahres; nach der bezeichnen sich 35 Prozent der deutschen Firmen als »gut« oder »sehr gut« gerüstet für die Digitalisierung – in den USA sind es 85 Prozent. In der DACH-Region können sich nur 50 Prozent der Unternehmen vorstellen, von Branchenfremden angegriffen zu werden; in den USA sind es 90 Prozent. Entsprechend investieren die Amerikaner doppelt so viel Geld in die Forschung zu Industrie 4.0 wie wir (Quelle: www.bmf.de). Und wussten Sie, dass drei Viertel aller deutschen Unternehmen über die Hälfte ihrer betrieblichen Abläufe noch auf Papier regeln (Quelle: Bitkom-Verband 2017)? Nimmt man den Digitalisierungsgrad zum Maßstab, dann sind wir Dritte Welt im Vergleich zu Ländern wie Estland oder Lettland.

Das Dauergerede über die digitale Transformation erzeugt also eine optische Täuschung. In Deutschland ist man verbal weit vorne, faktisch aber agiert man am Pflock des Augenblicks. Ingenieurgetrieben und technikverliebt, sind wir bei ohnehin hoch entwickelten Produkten perfekt in der Perfektionierung. Wir sind unermüdlich auf der Suche nach dem vollkommenen Spaltmaß, beherrschen den Bau isolierter Maschinen, wie etwa Autos. Oder kleinster Teile wie Zylinderkopfdichtungen und Spreizdübel. Keine Frage: Qualität ist ein deutsches Differenzierungsmerkmal. Aber: Die Gestaltgeste der Digitalisierung ist das *Verbinden*. Zukünftig gewinnt nicht der, der produziert, sondern der verbindet. Zum Beispiel über Plattformen. Das beruht auf Technologien, die kommunizieren, integrieren und in Echtzeit eigenständig steuern. Wenn Daten in Einsen und Nullen vorliegen, können sie sofort und verlustfrei von A nach B transportiert werden. Das eröffnet unendliche Vernetzungen und erzwingt neue Anschlussfähigkeiten. Aber auch Nebeneffekte: »Durch das Internet der Dinge habe ich drei Kilo abgenommen – der Kühlschrank ließ sich nach dem Update nicht mehr öffnen.« Mit dem Philosophen Ludwig Wittgenstein im Rücken können wir sagen: Die Welt ist die Gesamtheit der Verbindungen, nicht der Dinge.

Das ist nicht unsere Kernkompetenz. Ganz zu schweigen von disruptiven Erfolgen: Nichts wirklich Weltbewegendes wurde mehr erfunden seit der historischen Spritzfahrt, die Bertha Benz mit ihren Kindern – ohne Wissen ihres Erfindergatten – von Mannheim nach Pforzheim unternahm. In den letzten 20 Jahren hat kein DAX-Unternehmen ein bahnbrechendes neues Geschäftsmodell entwickelt, schon gar kein digitales. Allenfalls kopieren sie amerikanische Originale. Oder bauen neue Elektromotoren in alte Autos. Im Vergleich zu den amerikanischen Digital-Giganten spielen die Start-ups in Berliner Hinterhöfen Kleinkunsttheater. Selbst SAP, das den amerikanischen Vorlagen noch am nächsten kommt, kann für sich keine überragenden Erfolge beanspruchen. Radikal Neues auszuprobieren ist eben keine deutsche Tugend: Laut Lenin kauft sich der Revolutionär hierzulande erst eine Bahnsteigkarte.

Man kann den Digitalisierungsrückstand aber auch nüchterner erklären: In Deutschland argwöhnt man, dass sich mit der Digitalisierung beliebig Schaum schlagen lässt. Oder man hält die Digitalisierung des eigenen Betriebs schlicht für zu teuer. Vor allem in den weniger dynamischen B2B-Branchen. Das Kostenparadigma und die Zielerreichung sind nach wie vor die Götter, denen man huldigt. Das gilt bei Konzernen für jedes zehnte Unternehmen, im Mittelstand für jedes fünfte, in Kleinfirmen für jedes dritte. So der »Monitoring Report Wirtschaft digital 2017« der Bundesregierung. Auch die gute wirtschaftliche Lage trägt dazu bei: Auftragsbücher voll, Arbeitsmärkte leer, Gehälter hoch, Inflation niedrig. Der Exportweltmeister zehrt von altem Ruhm. Warum ändern? Man macht momentan mit alten Produkten einfach noch zu viel Geld. Nur wer das Alte retten will, kommt auf die Idee, Abgaswerte zu manipulieren.

Deshalb bricht man eher symbolisch zu neuen Ufern auf. Man legt die Krawatte ab, trägt zum Anzug weiße Turnschuhe, nötigt die Mitarbeiter zur Du-Anrede und verzichtet auf akademische Titel. Man übt Online-Marketing und macht erste agile Gehversuche, startet IT-Projekte (die jedoch nicht mit dem Restunternehmen verzahnt sind), ernennt einen Chief Technology Officer, kauft eine kleine Internet-Bude, entwickelt eine nette Service-App. Alles in Ordnung. Aber meist werden nur analoge Daten in ein digitales Format übertragen: Einsen und Nullen. Auf dieser Umwandlungsstufe verharrt man. Anschließend laufen dieselben Arbeitsschritte ab wie bei den analogen Verfahren. Was aber ansteht, ist die digitale Umwandlung des *ganzen* Unternehmens: Digital-First-Haltung im Grundsatz. Auch etwas mehr Geschwindigkeit und Experimentierfreude täten gut. Wenn der »tipping point« erreicht ist, ist es zu spät. Dann rennen wir nur noch hinterher.

Es ist aber nicht nur die Konservierung des Alten, die die Digitalisierung deutscher Unternehmen bremst. Es ist ein falsches Verständnis des Entwicklungsweges. Hören Sie sich um, lesen Sie Fachzeitschriften, fragen Sie Ihre Kollegen: »Was treibt den Wandel?« Fast immer lautet die Antwort: die Technik! So betrachtet man Industrie 4.0 als Update für effizientere Prozesse – eigentlich Industrie »wie immer«, nur mit ein paar Sensoren. Und IT ist die Büro-Akte in digitaler Form. Mehr noch: Technologie sucht sich Geschäftsmodell!

Das alles ist zu kurz gesprungen. Natürlich, in der Kulisse werkeln die Techniker an immer neuen Verbindungen ungeheurer Datenmengen, an Sensoren und Robotern. Aber das ist nur das technische Hintergrundrauschen. Wesentlich ist der Vordergrund, die *menschliche Seite* der Digitalisierung.

Wollen Sie die digitale Transformation wirklich umfassend entwerfen, dann ist der Mensch der einzige »Rechner«, der das leistet. Ein Rechner, komplex und einfach zugleich, der unbe-

rechenbar ist – und genau deshalb in der Lage, die Kundenwünsche, den technologischen Wandel und die globalen Märkte
zu beobachten. Tagtäglich, gleichzeitig und in ihrer wechsel-
seitigen Abhängigkeit. Der Mensch, der an unterschiedlichen
Schnittstellen zum Unternehmen agiert: Auf der Außenseite der
Organisation als *Kunde*, der immer individueller wird, alles einfacher, schneller und bequemer haben will. Auf der Innenseite
als *Mitarbeiter*, der mit Kollegen zusammenarbeiten muss, von
deren Existenz er bislang noch gar nichts wusste. Und der seine
lange verschütteten Kreativpotenziale wiederentdecken muss.
Es ist kein Zufall, dass die »Einhörner« aus dem Silicon Valley am entschiedensten gegen Trumps Pläne protestierten, auch
qualifizierte Einwanderung zu beschränken. Diese Firmen wissen, dass ihr wichtigster Treibstoff nicht die Technik ist, sondern der Mensch. Nur der Mensch kann in ihren Augen die alte
Wirtschaftswelt aus den Angeln heben. Denn Datenberge ber-
gen gar nichts – wenn nicht ein Mensch hinzukommt, der das
Verborgene entbirgt.

Wie verdreht die Dinge bisweilen sind, können Sie daran
erkennen, dass das Menschliche hierzulande allenfalls Opfer-
status hat: Ewig wird die Gebetsmühle des »Wir müssen die
Menschen mitnehmen« gedreht. Falscher Ansatz! Der Treiber
des Wandels ist der Mensch. Technologie kann nur eine Folge
sein.

Was kurzschlüssig als technologische Revolution beschrieben
wird, ist also in Wahrheit ein sozialer Umbruch: die *Wiedereinführung des Menschen in die Unternehmen*. Das ist das Radikale
dieses Buches. Klingt paradox, ist es aber keineswegs. Digitalisierung bedeutet in ihrem Kern eben keine Technik-Revolution,
gerade nicht die Macht der Maschinen und die Herrschaft der
Algorithmen. Sondern Konzentration auf das Wesentliche, was
nur Menschen leisten können:

- die Wiedereinführung des Kunden
- die Wiedereinführung der Kooperation
- die Wiedereinführung der Kreativität

Das sind die drei Ks, und jedes einzelne dieser drei Ks hat die Kraft, Ihr Unternehmen radikal zu transformieren. Vielleicht fragen Sie: Wiedereinführung? Waren die drei Ks denn schon mal da? Ja, das waren sie. Sie wurden nur im Prozess des modernen Organisierens sukzessive zurückgedrängt: Der *Kunde* war einst der Motor des Unternehmens. Dann aber wuchsen die Unternehmen, drehten sich zunehmend um sich selbst. Die jahrzehntelangen Aufrufe zur »Kundenorientierung« belegen das. Jetzt aber ist es Zeit, sich rückzubesinnen. Es geht es darum, das ganze Unternehmen vom Kunden her zu denken. Mit ihm in Ko-Evolution zu treten. Digitalisierung verbindet dabei Individualisierung und Automatisierung auf verblüffende Weise.

Die *Kooperation* wurde im Prozess des Organisierens immer mehr geschwächt – zugunsten der Spezialisierung, des Expertentums, der Koordination. Der Manager zerteilte die Aufgaben und fügte sie später wieder zusammen. Die Digitalisierung fordert heute von den Mitarbeitern ganz neue Formen der Zusammenarbeit: hierarchieübergreifend, funktionsübergreifend, abteilungsübergreifend. Sogar unternehmensübergreifend: Die Grenzen der Unternehmen öffnen sich.

Die *Kreativität* war das größte Opfer des Effizienz-Paradigmas. Kreativität wurde dem Unternehmen zunehmend wesensfremd. Sie wurde ausgelagert an spezielle Institutionen – an Agenturen, Labors und Start-ups. Diese Auslagerung kann sich heute kaum noch ein Unternehmen leisten. Denn das Spiel um die Zukunft wird an der Ideenfront entschieden. Technologie erzeugt keine Ideen; Ideen erzeugen Technologie. Auch weil der Wertschöpfungsanteil des reinen Herstellens von Gütern schrumpft, hingegen Informationen, Forschung und Design bedeutender werden.

Auch wenn Sie dieser Gedanke überraschen mag: Die Digitalisierung ist, was das Menschliche anbetrifft, eine Rückbesinnung. Hört man genau hin, dann fallen Begriffe, über die wir seit Jahren diskutieren: Selbstverantwortung, Eigenmotivation, Vertrauen. Weil digitale Technik der große Gleichmacher ist, Menschen aber den Unterschied machen. Smarte Maschinen lassen sich schnell kopieren, Menschen nicht. Der Begriff der Revolution passt da vorzüglich, weil seine lateinische Herkunft eine Umkehr zu einem früheren Zustand bedeutet, nicht das Umwälzen zu etwas Neuem. Als Manager in digitalen Zeiten müssen Sie sich folglich einer Herausforderung stellen, die weniger mit Technologie zu tun hat als vielmehr mit Menschen. Es braucht einen Kulturwandel in den Unternehmen.

Der entscheidende Moment für ein Unternehmen kommt demnach, wenn es versteht, dass die digitale Transformation keine Frage der Technik ist, sondern der Kultur. Sie ist im Kern eine *soziale* Transformation – des individuellen Mitarbeiters und der organisatorischen Strukturen.

Die Rolle der Führungskraft in der Digitalisierung

Nur alter Wein in neuen Schläuchen? Nun, gegen alten Wein ist ja nichts zu sagen. Aber es ist doch bemerkenswert, dass die Ideen lange bekannt sind, die helfen, mit der Digitalisierung klarzukommen. Nur dass sie jetzt in einer Weise aktuell werden, die kaum jemand vorhergesehen hat. Sie wurden zwar schon immer als »wichtig« eingestuft, sind heute aber »dringend«. Kluges Räsonieren reicht nicht mehr, jetzt muss gehandelt werden. Angelehnt an die elfte Feuerbach-These von Karl Marx, die noch immer das Foyer der (ehemals Ost-Berliner) Humboldt-Universität ziert: »Die Theoretiker haben die Unternehmenswelt nur verschieden interpretiert; es kommt aber darauf an, sie zu verändern.« Was heißt das für Sie in Ihrer Rolle als Führungskraft?

Unser Verständnis von organisierter Arbeit wurde geprägt durch die Industrialisierung. Die Tradition der Industrialisierung ist: Hierarchie, räumlich und zeitlich fixierte Kooperation, Steuerung über Finanzresultate, Planung auf der Basis von Erfahrung und kurzfristiger Erwartung, Effizienz als Mantra, die Organisationsstruktur ist heilig, die Mitarbeiter sind die Zugelosten. Wenn Sie weniger als 30 Jahre bis zur Rente haben, dann haben Sie Ihren Job noch nach diesen Regeln gelernt.

All das funktioniert auch heute noch leidlich. Aber es sind die Antworten der Gegenwart auf die Fragen der Vergangenheit. Ob sie auch die Fragen der Zukunft beantworten, ist unwahrscheinlich. Wir leben in einer VUKA-Welt – kurz für Volatilität, Unsicherheit, Komplexität, Ambiguität. Starre Hierarchien, Herrschaftswissen und Command-and-Control sind da hinderlich – sowohl technisch wie menschlich. Oft werden hohe Summen in digitale Technik investiert, aber weder Mitarbeiter noch Führung sind gleichsam »mitgewachsen«. Deshalb ist »Culture first!« Ihre große Herausforderung:

- Vom »Ich« zum »Wir«
- Von der »Vorgabe« zur »Selbstverantwortung«
- Von der »Kontrolle« zum »Vertrauen«
- Von der »Motivierung« zur »Motivation«
- Von der »Sicherheit« zum »Risiko«
- Von der »Fehlervermeidung« zum »Ausprobieren«
- Vom »Mitspracherecht« zur »Mitsprachepflicht«
- Von der »Binnenorientierung« zur »Außenorientierung«

Wenn Sie mir bis hier auch nur näherungsweise zustimmen, dann dämmert es Ihnen, dass Sie für diesen Paradigmenwechsel viel grundsätzlicher werden müssen. Über viele Jahrzehnte wurde die Managementtheorie dominiert von *personenzentrischen* Ansätzen. Die nahmen die Einstellungen und Verhaltensweisen von Individuen in den Blick: Haben wir die richtigen Mitarbeiter? Aber das System prägt den Einzelnen mehr als der Einzelne das System. Viel fundamentaler sind die *organisatorischen* Änderungen, die von der Digitalisierung gefordert werden. Das ist wirklich revolutionär: Noch nie wurde in den letzten Jahrzehnten so intensiv über das *Unternehmen als Organisation* nachgedacht. Von »New Work« bis zur »Demokratisierung« wird gefragt: Haben wir die richtigen Strukturen? Sind wir so aufgestellt, dass wir schnell neue Geschäftsmodelle aufbauen können, die mit der digitalen Welt kompatibel sind?

Dadurch verändert sich Ihre Rolle als Führungskraft grundlegend. Ihre Kunst ist es, Technik und Mensch zu verbinden, Geschäftsmodell und Organisation, intern und extern. Vor allem aber: alt und neu. Ihr Geschick ist es, die neue Komplexität so in das laufende System einzubauen, dass es nicht zusammenbricht, aber zukunftsfähig wird. Das ist wie Reifenwechsel bei fahrendem Auto.

Die Uhr tickt

Das Digitale ist der Treiber der vierten industriellen Revolution. Das Digitale ist aber nicht nur Technik – es ist eine neue Art, Unternehmen zu führen. Deshalb geht es weniger um die Entwicklung einer digitalen Strategie, sondern um die fundamentale Integration des Digitalen in die Geschäftstätigkeit – in Produktion, Vertrieb, Einkauf, Marketing. Neu dabei ist die Geschwindigkeit der Umwälzung. Marktideen und Wettbewerber kommen aus dem Nichts und über Nacht. In dem Bonmot zusammengefasst: »Heute ist der langsamste Tag Ihres Lebens!« Alle weiteren Tage werden schneller. Hätten Sie vor 10 Jahren die Entwicklung von Facebook vorausgesehen? Hätten Sie vor 10 Jahren gedacht, dass Leute ihre Wohnungen an Fremde vermieten oder in das Privatauto eines völlig Unbekannten einsteigen? Bei der Rangfolge der Unternehmen auf der Basis ihrer Marktanteile konnte man früher höchstens ein bis zwei Positionswechsel pro Jahr beobachten; heute sind es bis zu zehn. Im Jahre 1920 war das durchschnittliche Lebensalter eines S & P-500-Unternehmens noch 67 Jahre, heute sind es zwölf. Apple ist der teuerste Konzern der Welt – nur 10 Jahre nach Einführung des iPhones. Und nichts fürchten die globalen Disruptoren mehr als den »Kodak-Moment« – damals ein Werbe-Claim des Weltmarktführers der Analogfotografie; heute sinnbildlich für die Wucht, mit der die Digitalisierung diese Firma an die Wand drückte. Nichts ist so schnell weg wie ein Vorsprung. Also: Keine Zeit für Bedenkenträger.

Deshalb war »Food for thought« gestern; heute gilt: »Food for action!« Der richtige Zeitpunkt kommt nie. Er ist immer jetzt. Worauf warten? Es geht darum, ob Sie mit Ihrem Unternehmen auch noch in 10 Jahren *relevant* sind – oder aber Zulieferer sind für China- und US-Konzerne. Der Begriff »Change« wirkt dabei wie ein altes Tapetenmotiv. Er passt nicht mehr, weil er immer noch nachholendes Verändern einflüstert, nicht aber das vorausschauende Einstellen auf Unerwartbares. Zudem steht er für episodischen Wandel, top-down geplant. Nicht für kontinuierlich und bottom-up. Abwarten, was der Wettbewerb macht? Das ist der sichere Weg, zweiter Sieger zu sein.

Es gibt also viel zu tun. Freuen Sie sich drauf! Aber selbst wenn Ihre Vorfreude verhalten ausfällt, weil Sie das Gefühl haben, schon jetzt überschwellig zu leisten – Sie haben eine schöne Aufgabe vor sich: die Wiedereinführung des Menschen ins Unternehmen. Ein neues Zeitalter ist angebrochen – und Sie sind dabei. Es ist an der Zeit, mit der strategischen Dreifaltigkeit ernst zu machen: Kunden – Kooperation – Kreativität.

Wie das geht? Das ist die Frage, die alle bewegt. Viele Führungskräfte glauben, sie hätten nicht genug Kompetenzen für die Herausforderungen der Digitalisierung. Ach was! Digitalisierung ist kein Hexenwerk. Fangen Sie einfach an, mit kleinen Schritten. Probieren Sie mal ein Rezept aus im Sinne eines »Rollin«. Sie finden 111 Rezepte in diesem Buch. Das eine führt zum anderen. Machen Sie Erfahrungen und beurteilen Sie diese mit Augenmaß. Beginnen Sie beim wichtigsten Treiber der Digitalisierung, der gleichzeitig der größte Gewinner ist: beim Kunden.

Genau das mache ich jetzt auch.

DIE WIEDEREINFÜHRUNG DES KUNDEN INS UNTERNEHMEN

1.

Junk Food. Einige Monate des Jahres lebe ich in New Mexico. In Santa Fe ist das Casa Sena mein Lieblingsrestaurant. Meine Kinder, zum damaligen Zeitpunkt 11 und 14 Jahre alt, begleiteten mich eines Abends, fanden aber auf der Speisenkarte nichts, auf das sie sich hätten freuen können. Ich fragte daher den Kellner, ob die Küche nicht ein paar Pommes frites zubereiten könne. »Kein Problem«, kam ohne Zögern seine Antwort und alsbald erhielten meine Kinder das Gewünschte. Später konnte ich allerdings beim Blick auf die Rechnung keinen entsprechenden Betrag entdecken. Auf meine Bemerkung antwortete der Kellner: »Oh, wir haben die Pommes vom Restaurant auf der anderen Straßenseite geholt und vergessen, sie zu berechnen.« Hand aufs Herz: Welches deutsche Restaurant besorgt die Pommes von der Konkurrenz, um den Kunden zufriedenzustellen?

Auch wenn es Sie vielleicht überrascht: Diese Geschichte aus analoger Vorzeit zielt weit in die digitale Zukunft. Mein erstes Rezept ist deshalb gleich ein zweifaches. Erstens: Der Kunde ist wichtiger als die Speisenkarte. Zweitens: Warum nicht mit der Konkurrenz kooperieren, wenn es allen hilft?

2.

Ohne Tabus. Ich will mit meinem Autohersteller einen Termin zum Reifenwechsel vereinbaren. Das fällt mir am Wochenende ein, denn da habe ich Zeit, so etwas zu planen. Den Termin kann ich mir aber nicht sofort über ein Online-Portal reservieren, sondern nur telefonisch. Deshalb muss ich warten: Auf Montag. Auf die Öffnungszeiten. Auf den »nächsten freien Mitarbeiter« am Telefon. Dritte Welt?

Auch wenn Sie kein Autohersteller sind: Wenn Sie wollen, dass der Kunde in erster Linie an Sie denkt, müssen Sie in erster Linie an den Kunden denken. Das ist das Grundgesetz. Dann müssen Sie dem Kunden Kontaktmöglichkeiten anbieten, wann *er* will, nicht wann *Sie* wollen. Kundenzentrierung ist heute kein Instrument mehr, sondern ein Geschäftsmodell. Nicht Pläne und Ziele des Unternehmens stehen am Anfang der Wertschöpfungskette, sondern der Kunde. Produktentwicklung, Marketing, Vertrieb – alles wird radikal vom Kunden her gedacht. Das meint eine Organisation, die sich am Alltag des Kunden orientiert, das meint personalisierte Ansprache, marketinggetriebene Planung, individualisierte, konfigurierbare Produkte, die sich passgenau (»seamless«) in das Lebensumfeld der Kunden integrieren. Und das muss mehr sein als hoch hinauswollendes Geschwätz.

Der Kunde ist dann nicht mehr die Umwelt des Unternehmens, sondern umgekehrt, das Unternehmen ist die Umwelt des Kunden. Änderungswünsche kommen dann auch vom Kunden (»change request«), nicht von der Hierarchie. Damit scheint zum ersten Mal seit Jahrzehnten die Notwendigkeit auf, *tiefgreifende strukturelle Alternativen* zu diskutieren. Vorrangig geht es darum, Prozesse und Strukturen zu schaffen, mit denen das Unternehmen schneller auf Marktveränderungen reagieren kann. Kundenzentrierung heißt dann für Sie: Mein Unter-

nehmen orientiert sich am Sinnbild des Drehmomentwandlers –
er verwandelt zukünftige Kundenwünsche in heutige Produkte
und Dienstleistungen. Ob man das dann »agil« oder »transfor-
mativ« nennt, ist einerlei.

Meine Empfehlung: Gestalten Sie das Unternehmen als
Umwelt des Kunden. Entwickeln Sie einen Pull-Markt (der auch
ein wenig Push vertragen kann). Zukunftsfähig sind Sie, wenn
Sie dabei *keine Tabus* kennen. Weder Produkt noch Verfahren,
weder Personal noch Kapital, weder Organisationsform noch
Rechtsform. Nur die Befriedigung von Kundenbedürfnissen.
Halten Sie sich immer vor Augen, was den Erfolg der großen
Plattform-Firmen wie Google oder Amazon ausmacht: Sie sind
zu ihren Kunden einfach entgegenkommender!

3.

»Was brauchen die?« Es ist ein Mythos, dass das Management ein Unternehmen steuert. In Tat und Wahrheit steuert der Kunde. Die wahre Macht liegt außerhalb der Organisation, nicht innerhalb. Daraus leitet sich Ihre Rolle als Führungskraft ab – dafür zu sorgen, dass Mitarbeiter das tun können, was für den Kunden gut ist. Das folgt einer alten Weisheit: Verdienst kommt von Dienen. Das erfordert die Bereitschaft von Führungskräften, ihre Interessen (zumindest teilweise) zugunsten der Mitarbeiter zu opfern; und die Bereitschaft der Mitarbeiter, ihre Interessen zugunsten der Kunden zu opfern.

Sie mögen einwenden, Unternehmen seien keine karitativen Veranstaltungen. Das stimmt, aber diese Einsicht verleitet zur Kurzsichtigkeit. Natürlich geht es darum, das bilanzielle Überleben zu sichern. Sie können auch ruhig an den üblichen Einschränkungen wie etwa dem »profitorientierten« Kundennutzen festhalten. Aber das ist *Folge* der Kundenzentrierung. Erfolg er-folgt. Langfristig wird nur derjenige zu den Gewinnern gehören, der sein ganzes Unternehmen auf den Kundennutzen ausrichtet. Dabei darf auch mal ein Verkauf unprofitabel sein. Hauptsache, der Kunde wendet sich nicht ab.

Wie also muss ein kundenzentriertes Unternehmen beschaffen sein? Was tut es? Was lässt es? Mein wichtigster Hinweis lautet: Die richtigen Fragen stellen! Die falschen Fragen lauteten: »Was können wir? Was haben wir?«. Die richtige Frage lautet: »*Was brauchen die?*«. Das müssen Sie herausfinden. Wie, darüber sprechen wir noch. Aber hier gilt schon einmal: Form follows function: Wenn Sie im Unternehmen etwas bewegen wollen, dann gehen Sie am besten zuerst zum Kunden. Wenn Sie den begeistern können, haben Sie innerhalb Ihres Hauses gute Karten. Jedenfalls weit bessere, als wenn Sie Ihre eigene gute Idee für eine gute Idee halten.

4.

Die neue Währung. Man muss kein Hellseher sein, um vorauszusagen, dass Werte zukünftig vor allem auf Plattformen geschöpft werden. Was sind Plattformen? Plattformen sind offene IT-Schnittstellen, wo Produkt- und Serviceleistungen getauscht werden – ich gehe weiter unten detaillierter darauf ein. Zusätzlich gewinnen Unternehmen aber etwas extrem Wertvolles: *Daten über das Verhalten von Kunden*. Das ist die neue Währung. Unzählige Geschäftsmodelle der digitalen Big Player basieren vollständig auf der Sammlung und Verwertung von Daten. Die Übernahme von Whole Foods durch Amazon hat eindringlich gezeigt, wie wichtig es ist, eine intelligente Lösung zur kanalübergreifenden Nutzung von Daten zu finden. Der digitale Kundendialog wird die Zukunft sein.

Früher zogen Unternehmen ihre Daten primär aus internen Systemen. Heute bilden sie auf Plattformen Allianzen und nutzen so externe Quellen. Die Unternehmen verfügen dadurch über massenweise Kundeninformationen, die sie für Marketingzwecke analysieren und nutzen können. »Könnten«, sollte ich sagen, denn viele Unternehmen nutzen die Daten nicht, die der digitale Fußabdruck hinterlässt. Meine Bank weiß zum Beispiel genau, was und wie ich zu welchem Zeitpunkt kaufe oder verkaufe. Aber weiß meine Bank, was sie weiß? Nutzt sie diese Daten? Nein. Obwohl sie daraus hervorragend neue Dienstleistungen wie Preisvergleiche, Kaufempfehlungen oder Kauferinnerungen entwickeln könnte.

Das dringt zum Kern vor: Worum geht es im digitalen Zeitalter? Sich beim Konsumenten durch *immer wiederkehrende Services* unentbehrlich zu machen. Schaut man sich die wertvollsten Marken der Welt an, dann sind das Marken, die sich durch digitale Dienstleistungen am Markt unterscheiden. Schritt für Schritt gewinnen sie das Vertrauen der Kunden. Und können so den Customer-Lifetime-Value maximieren. Die Digitalisierung schafft dafür die Datenbasis in einer Detailtiefe, die historisch vorbildlos ist.

Für Sie resultiert daraus die Frage: Wie kann ich neue Kundenpräferenzen in das digitale Leistungsportfolio meiner Firma integrieren? Daten sind dafür die Grundlage, die operativ wieder Daten generiert, die wiederum die Grundlage für neue Services bilden, die wiederum neue Daten generieren. Mein Vorschlag: Etablieren Sie eine eigene Plattform, wenn Sie die Daten im eigenen Unternehmen behalten wollen; die Funktionen im Hintergrund können Sie einkaufen. So wie es Siemens mit der Plattform MindSphere getan hat. Oder beteiligen Sie sich an einer größeren Plattform, kooperieren Sie mit relevanten Partnern. So wie ein Konsortium mittelständischer Maschinenbauer mit der Plattform Adamos auf die Tatsache reagiert, dass nur ein gemeinsames Angebot schnell die Größe, Geschwindigkeit und Offenheit hat, die für Nutzer attraktiv ist. Vernetzen Sie sich auch mit benachbarten Märkten, wenn für Ihre Kunden daraus ein Mehrwert entsteht. Neiden Sie anderen Marktteilnehmern nicht den Vorteil, wenn Ihre eigenen Kunden gleichfalls davon einen Vorteil haben. Bieten Sie Services kostenlos an, denn Sie werden indirekt davon profitieren. Sie haben die Chance, zu einem Daten-Warenhaus zu werden – das ist nicht die schlechteste Perspektive. Meine Erfahrung: Die richtigen Alliierten finden! Es geht um die Qualität der Daten; die schiere Quantität verwirrt. Google hat sich z. B. mit den wichtigsten Smartphone-Herstellern verbündet, um nicht nur die populären Apps zu installieren (wie etwa Google-Suche, Google-Maps), sondern alle.

Eine Warnung noch: Verwechseln Sie nicht den Menschen mit seinem digitalen Zwilling (»Dividuum«). So verlockend die Möglichkeit scheint, durch Daten den Kunden zu modellieren – der »reale« Kunde bleibt (hoffentlich!) immer für eine Überraschung gut. Und eine weitere Schwierigkeit will ich Ihnen nicht unterschlagen: Daten sind keine Informationen. Gerade Big Data ist oft Datenbrei, der Scheinzusammenhänge erzeugt. Danach steigt die Zahl der Waldbrände mit dem Konsum von Speiseeis – wo das Gemeinsame doch lediglich hohe Temperaturen sind. Daten sagen gar nichts, wenn man sie lediglich aggregiert. Ihnen Bedeutung hinzuzufügen, sie in Beziehung zu setzen, Wichtiges von Unwichtigem zu unterscheiden, das erschließt sich nicht aus den Daten selbst. Dafür braucht es Sie! Und Sie brauchen dafür das, worüber nur der Mensch verfügt: *Urteilskraft*. Erliegen Sie nicht fataler Modellgläubigkeit! Vertrauen Sie keiner computergenerierten Entscheidung! Vielmehr: Nutzen Sie Ihre Urteilskraft! Damit machen Sie den Unterschied.

5.

Amazon. »Tiefe Preise, schnelle Lieferung, das alles ist dem unglaublichen Talent von Jeff Bezos zu verdanken, dem Kunden zu gefallen.« So Warren Buffet über den Erfolg von Amazon, einem Unternehmen, von dem man, so fürchte ich, noch hören wird. Warum? Weil es geradezu besessen kundenzentriert ist. Bezos erkannte, dass die meisten Firmen auf die Konkurrenz schielen. Nicht auf den Kunden. Daher sein großzügiges Rückgaberecht. Selbst seine Mitarbeiter fürchten seinen »crusade for customers«. Sie wissen, dass ihnen wenige Stunden bleiben, wenn er ihnen eine Kundenbeschwerde weiterleitet – wenn auch nur mit einem Fragezeichen versehen. Selbst hochprofitable Praktiken schafft er ab, wenn sie das Vertrauen der Kunden untergraben. So stoppte er personalisierte Werbemails, über die sich Kunden nach dem Kauf von Sexartikeln beschwert hatten.

Da ist es nur konsequent, dass Amazon auf Marge verzichtet. »Die Marge der Konkurrenz ist meine Chance«, sagt Bezos. Wenn Berater empfahlen, die Preise zu erhöhen, senkte er sie. Um schließlich mit seiner Einkaufsmacht die Preise der Lieferanten zu drücken. Daher seine Leitunterscheidung: *Umsatz vor Gewinn.* So wuchs der Umsatz zwar jedes Jahr um rund 20 Prozent, selten wurde jedoch ein hoher Gewinn ausgewiesen – Konsequenz des Reinvestierens. Dass das Streben nach Größe sich in digitalen Zeiten als Vorteil erwies, das verstanden irgendwann auch die Aktionäre.

Im Jahre 2000 öffnete sich Amazon für Drittanbieter. Um schnell zu wachsen, durften nun auch andere Händler die Plattform nutzen – gegen Zahlung einer Provision. Mitte 2015 dann die Amazon Marketing Services (AMS), die fremden Sellern und Vendoren neue Werbemöglichkeiten einräumten. Amazon erkannte: Es ist klug, sich kurzzeitig selbst zu schaden, um langfristig zum Marktplatz für alles und alle zu werden. Sogar für gebrauchte Artikel.

Ein weiteres Mosaikstück des Amazon-Erfolges ist die hohe Investition von 10 Prozent des Umsatzes, die in Forschung und Entwicklung fließen. »Geld zu verbrennen macht mir wenig aus«, sagte Bezos 2014 auf einer Konferenz, »wenn ich all die Projekte aufzählen würde, mit denen ich Milliarden verloren habe, wäre das wie eine Zahnbehandlung ohne Betäubung.« Zeithorizonte von fünf bis zehn Jahren ermöglichen es, dass Großerfolge wie der E-Book-Reader Kindle oder der Schnelllieferservice Prime die erfolglosen Projekte kompensieren. Wenn Amazon es zukünftig schafft, die Trennung von Online- und Offline-Verkauf zu überwinden, dann beginnt ein neues Zeitalter. Der Kauf von Whole Foods (der an einem Tag 30 Mrd. Dollar Marktwert der Konkurrenz vernichtete) war ein weiterer Schritt dorthin. Im selben Jahr kursierte dieser Satz eines Amazon-Managers: »Wenn Digitalisierung ein Restaurantbesuch wäre, wären wir gerade beim Gruß aus der Küche.« Viele Gemüsehändler werden sich kaum auf die Hauptspeise freuen. Im September 2017 sind allein in Seattle 8000 Stellen vakant.

Was kann an diesem Beispiel – außer der staunenswerten Konsequenz – für Ihre Praxis interessant sein? Was können Sie als Rezept ausprobieren? Grundsätzlich: Schauen Sie nicht auf die Konkurrenz, schauen Sie auf den Kunden. Jeff Bezos in der Anfangszeit von Amazon: »Wir können nicht ständig darüber nachdenken, dass der Wettbewerb viel mehr Ressourcen hat als wir. Ja, ihr sollt jeden Morgen schweißgebadet aufwachen, aber nicht aus Angst vor der Konkurrenz. Schaut lieber auf den Kunden, weil es die Kunden sind, die das Geld haben. Unsere Konkurrenten werden uns niemals Geld geben.«

Wenn Sie damit anfangen wollen, probieren Sie dies: Bei Amazon beginnen Neuentwicklungen mit einer Pressemitteilung, also dort, wo sie normalerweise enden. Monatlich sind das etwa 10 bis 12, die, nein, nicht in der Öffentlichkeit oder bei Medienagenturen landen, sondern im E-Mail-Account von Jeffrey Wilke, CEO Worldwide Consumer. Die Idee dahinter: Der Kundennutzen soll so knapp und präzise wie möglich formuliert werden. So, dass ihn jeder versteht. Erst dann beginnt die Suche nach einer Lösung. Das Aufschreiben dient der Analyse, dem Vermeiden von unklarem Denken und Handeln. Und jeder Mitarbeiter ist aufgefordert, solche Pressemitteilungen zu schreiben. Vielleicht haben Sie ja Lust, mal die Übung zu testen. Ich habe das mit Produktentwicklern aus der Medienbranche getan. Die Ergebnisse waren verblüffend.

6.

Handel: Raus aus dem Einkauf. Wenn Sie in einem traditionellen Handelsunternehmen arbeiten, dann ist Ihre Organisation in zwei Arbeits- und Blickrichtungen gebaut. Als B2C-Unternehmen schauen Sie in Richtung (End-)Kunde. Doch tun Sie dies meist nur dort, wo Sie auch tatsächlich mit ihm in Kontakt stehen: in der Filiale, im Kundensupport etc. In weit höherem Maße ist die Organisationsstruktur von der Beziehung zu den Herstellern geprägt. Einkäufer investieren enorme Energien in die Preisverhandlungen bei den Jahresgesprächen. Die Sortimentsmanager versuchen *danach* herauszufinden, welche der eingekauften Produkte vom Kunden akzeptiert werden. Die Konsequenz: Im Lebensmitteleinzelhandel werden etwa 50 Prozent der neuen Artikel nach einem Jahr wieder ausgelistet.

Diese Praxis gehört der Vergangenheit an. Sie wird bestenfalls das probate Mittel für Produktinnovationen bleiben, von denen der Kunde vorher nicht wusste, dass er sie braucht. Unter dem Druck von Online-Pure-Playern haben nahezu alle Unternehmen der »Old Economy« digitale Vertriebs- und Kommunikationskanäle etabliert. Sie halten nun ein ganzes Bündel von Kontaktpunkten in den Händen. Etliche sind noch immer überfordert, diese zu vereinheitlichen und zu synchronisieren. Nicht zuletzt, weil langjährige Mitarbeiter oft über keine Expertise im Bereich Omni-Channel-Marketing bzw. Customer-Journey-Design verfügen. Aber mehr und mehr werden Kundenwünsche über sämtliche Kontaktpunkte entlang der »Customer Journey« erfasst, aggregiert, analysiert und binnen kürzester Zeit in Angebote umgewandelt. Egal, ob der Kunde mit dem Filialleiter über sein ausgelistetes Lieblingsprodukt spricht, sich auf Facebook über die schlechte Servicequalität beschwert, bei der Hotline eine Frage zur Produktanwendung stellt, im Onlineshop eine positive Produktrezension hinterlässt oder in der App einen Rabattcoupon aktiviert, ohne ihn später einzulösen – alle diese Kunden-Interaktionen werden gesammelt und in das Unternehmen hineingetragen. Und zwar so weit, dass keine Informationslücke mehr zwischen Einkauf und Verkauf besteht. In den Gesprächen mit den Herstellern wird nicht mehr vorrangig der Einkaufspreis thematisiert, sondern die Analysen der Data-Scientists: Welche Erkenntnisse liefern die Kundendaten? Welche Produkte erhalten aus welchen Gründen Applaus? Welche werden kritisiert? Für welches Problem wünschen sich die Kunden eine Lösung? Deutlich wird, dass die Öffnung des Unternehmens gegenüber dem Kunden weit in die Organisationsstruktur hineinwirkt. Die Kommunikation »Kunde-Unternehmen« auf der einen Seite, aber je nach Branche auch die Kommunikation »Unternehmen-Lieferant«, wird enorm dynamisiert.

Es gibt nicht wenige Stimmen, die davon überzeugt sind, dass jedes dritte Unternehmen des klassischen Handelsbereichs die nächsten zehn Jahre nicht überleben wird. Aber wird der stationäre Handel insgesamt sterben? Ich glaube nicht. Er hat auch die Disruption von der Bedienung zur Selbstbedienung überlebt. Der besonders profitable Impulskauf bleibt ohnehin Domäne des stationären Handels. Warum eröffnen immer mehr Online-Händler Flagship-Stores? Warum pilgern die Leute in Apple-Läden, obwohl man gerade deren Produkte problemlos über das Internet bestellen kann? Weil man beides braucht: Online und Offline. Die Wiedereinführung des Kunden ins Unternehmen bedeutet aber im Handel: mit dem Kunden starten, nicht mit dem Hersteller. Trotz aller Gewohnheit. Nur auf diese Weise schaffen Sie mit Ihrem Unternehmen ein einzigartiges, unverwechselbares Kundenerlebnis. Nur so bauen Sie in Zeiten globalen Wettbewerbs und hoher Preistransparenz eine stabile Beziehung zum Kunden.

7.

<u>Roll-in statt Roll-out.</u> Sie erinnern sich vielleicht: Mitte der 90er Jahre war Compaq Marktführer bei PCs und Servern, mit Marktanteilen von über 50 Prozent bei Geschäftskunden. Dann kam Michael Dell mit Rechnern, die technisch keineswegs überlegen waren, in manchen Tests sogar schlechter als der Wettbewerb abschnitten. Aber sie kamen dem Kundenbedürfnis entgegen, einen persönlichen, maßgeschneiderten PC zu haben (»build to order«). Das machte den Unterschied zwischen Gewinnen und Verlieren. Compaq wurde von HP übernommen, Dell wurde um die Jahrtausendwende Weltmarktführer.

Warum ich diese alte Geschichte aufwärme? Um Ihnen für Ihren Digitalisierungsweg die *richtige Reihenfolge* zu empfehlen. Sie kennen sicher folgende Situation in irgendeiner Form: Die Techies aus der IT-Abteilung haben monatelang an einer digitalen Innovation gearbeitet. Viel Geld, Zeit und Liebe ist hineingeflossen. Der Rest des Unternehmens weiß davon nicht viel; nur so viel, dass am Tag X präsentiert werden soll. Nun ist der Tag da, alles wartet gespannt, und, siehe da, das Produkt blinkt oder piept oder sendet permanent Daten. Die Techies sind ganz aus dem Häuschen vor »connectivity«. Nach einer kurzen Pause des Erstaunens verhindert nur die Höflichkeit die Verärgerung: Was soll ich damit? Was sollen meine Kunden damit anfangen? Glaubt jemand, dass uns jemand dafür bezahlt?

Die Algorithmen-Designer verstehen viel von Maschinen und deren Logik. Sie verstehen jedoch weniger von den Menschen, die sie brauchen. Häufig wird ein IT-Projekt nur deshalb gestartet, weil es technisch machbar ist. Und was technisch machbar ist, wird gemacht, auch wenn es um sich selbst kreist. Ob es gebraucht wird, ist eine ganz andere Frage. So kommt es vor, dass schon die komplette IT-Infrastruktur steht, aber keine fachliche Anforderung vorliegt. Oder man startet den ersten

Schritt mit der Frage: Wie lassen sich bestehende Prozesse digitalisieren? Ebenso kommt es vor, dass lange an wenig tragfähigen Anwendungsfällen festgehalten wird – weil eben die IT-Infrastruktur existiert. Was dann dazu führt, dass man – wie 2017 bei einer Schweizer Holding – schon mal 70 Millionen Franken abschreiben muss. »Fail fast« wäre da günstiger gewesen.

Das also will ich Ihnen ans Herz legen: Vermeiden Sie Digitalisierung um der Digitalisierung willen. Vor irgendeinem digitalen Unfug müssen Sie nicht das Knie beugen. Wenn der einflussreiche Berater Clayton Christensen behauptet, dass Unternehmen in ihren Innovationsbemühungen oft »Gefangene der bestehenden Kundschaft« sind, dann liegt dem genau dieser Denkfehler zugrunde. Halten zu Gnaden, ein Unternehmen kann niemals Gefangener der Kunden sein! Nur dann, wenn man die Technik zuerst denkt und den Kunden zuletzt. Machen Sie nicht einfach etwas, nur weil alle um Sie herum hysterisch werden. Machen Sie es wie der damals knapp 30-jährige Michael Dell: Die Digitalisierung muss vom Kunden ausgehen, vom Markt. Dann folgt die Organisation. Dann die Mitarbeiter. Und erst dann die technische Machbarkeit. Das bedeutet: Beachten Sie unbedingt die richtige Reihenfolge. Sie lautet »Markt-Organisation-Mitarbeiter-Technologie«. Technology follows Culture! Analog first, digital second! Deshalb, um so konkret wie möglich zu werden, darf auch nicht die IT-Abteilung ein neues digitales Programm einführen, sondern das Top-Management. Die digitale Transformation ist Chefsache.

Also: Wenn möglich, bitte wenden! Roll-in statt Roll-out: Dieser Gedanke gilt auch für das Selbstverständnis der Digitalisierungsspezialisten in den IT-Abteilungen. Sie waren zwar schon früher die Erfüllungsgehilfen anderer Abteilungen. Sie arbeiteten im Hintergrund und kamen nur zum Vorschein, wenn irgendetwas nicht funktionierte. Das bleibt im Unwesentlichen immer noch so; im Wesentlichen aber ändert sich das. Auch die Spezialisten müssen sich öffnen für die Kunden- und Anwenderperspektive – was sie zwar behaupten, schon immer getan zu haben, was aber selten wirklich der Fall war. Und sie müssen raus aus ihren Nerd-Nestern. Zum Beispiel: Lassen Sie Ihre Mitarbeiter von den IT-Spezialisten schulen. Jeder sollte über Digitalkompetenz verfügen. So wird IT zum Kreislauforgan des Unternehmens. Und Ihr Chief Transformation Officer muss nicht vorrangig Techniker sein. Er sollte Geschäftsverantwortung tragen. Dann hat seine Stimme Gewicht.

8.

Frau Müller. Frau Müller wurde von ihrer vibrierenden Matratze 10 Minuten früher als sonst geweckt, weil ihre App genau auf ihren Biorhythmus abgestimmt ist. Ihre Vitaldaten erscheinen auf der Wand, genau wie die Uhrzeit. Der digitale Assistent am Handgelenk grüßt und sagt, dass das Gespräch mit Shanghai in einer halben Stunde beginne. Ob sie den digitalen Simultanübersetzer nutzen wolle? Nach dem Gespräch tritt sie aus dem Haus, hat ihre Allzweckwaffen immer bei sich – Smartphone, Wearable, Microchip-Implantat. Über das Handy erhält sie Echtzeitdaten über ihre Geoposition. Die nutzt sie aber nicht auf dem Weg in ihr Lieblingsbistro. Beim Betreten des Bistros wird sie durch ein biometrisches Authentifizierungssystem eingecheckt. Das CRM-Tool übermittelt dem Verkäufer ihr Foto, ihren Namen und die Besuchshistorie. »Guten Morgen, Frau Müller. Schön, dass Sie uns besuchen. Möchten Sie wieder einen Cappuccino und ein Croissant?« Im Hintergrund läuft der Bezahlvorgang, der von Frau Müller durch Screen-Berührung bestätigt wird. Während des Kaffeetrinkens bestellt sie per App ein Carsharing-Fahrzeug. Das tut sie um diese Zeit häufig. Sie entriegelt den Wagen per Mikrochip-Implantat, mit dem sie auch ihre Haustür und den Safe öffnen kann (und der ebenso als Ausweiskarte für das Fitness-Studio fungiert). Automatisch fährt der Fahrersitz in die Stellung ihrer letzten Fahrt. Die Health-Sensoren im Anschnallgurt, die biometrische Daten registrieren, ignoriert sie; sie will ihre gute Laune behalten. Das Navigationssystem schlägt ihr vor, heute einen kleinen Umweg zu fahren: Die Sensoren, die automatisch die charakteristischen Wellen von Rettungsdienst-Sirenen erkennen, prognostizieren für ihre übliche Strecke eine entsprechend schlechte Ampeltaktung. Kurz vor Ankunft an ihrem Zielort klinkt sie sich per Crowd-Intelligence in ein Parkplatz-Zuweisungssystem ein.

Wenn sie ihrem Gesprächspartner die Hand entgegenstreckt, transferiert der Mikrochip ihm ihre Visitenkarte direkt auf sein Handy …

Finden Sie das utopisch? Gruselig? Verheißungsvoll? Sorgen Sie sich um den Datenschutz? Wie auch immer, es wird Unternehmen geben, die genau diese Verbindungen monetarisieren. Ich wollte Ihnen nur ein paar Ideen anbieten für digitale Kontaktpunkt. Welche weiteren Kundenschnittstellen fallen Ihnen ein? Denken Sie nach! Zum Beispiel: Dass die App der Carsharing-Company Frau Müller warnen könnte, wenn die Anzahl der verfügbaren Wagen knapp wird? Dass auch die Klimaanlage automatisch einen neuen Mix erstellt aus der Einstellung der letzten Fahrt und aktuellen Wetterdaten? Dass der implantierte Chip das Auto zur digitalen Geldbörse macht (die Parkplatzgebühren werden automatisch abgebucht; der leidige Gang zum Kassenautomaten und die Suche nach Kleingeld entfallen)? Dass Frau Müller, wenn es regnet, auf ihrem Handy einen Zugangscode für ein Regenschirm-Depot am Parkplatz erhält, dort einen Schirm entnimmt, der ihr den Gang ins Zentralgebäude beschirmt? Wären das Dienstleistungen, die für Sie geschäftlich interessant sein könnten? Und technisch machbar sind? Lassen Sie Ihre Phantasie spielen! Mit Vernetzung kann man zukünftig mehr Geld verdienen als mit dem Verkauf der Produkte selbst. Und seien Sie sicher: Service is eating the world. Wer nicht Teller und Besteck bereithält, wird schnell selber gegessen.

9.

Seelenfrieden verkaufen. Der Mitgründer von Netscape, Marc Andreessen, erklärt in seinem 2011 im Wall Street Journal erschienenen Artikel, dass Software bald Teil eines jeden Produkts und jeder Dienstleistung sein wird. Außer ein paar Nerds interessierte sich damals niemand für diese Prognose. An der New Yorker Börse waren vier der fünf wertvollsten Unternehmen Old Economy: Ölfirmen. Heute sind es nur noch IT-Firmen. Die Botschaft: Alle Unternehmen werden Software-Firmen. Deshalb müssen sich auch alle an der Philosophie der Software-Entwicklung orientieren, wollen sie wettbewerbsfähig bleiben.

Spricht man in Unternehmen über Digitalisierung, dann sind fast immer softwarebasierte Werkzeuge gemeint, mit denen sich zunächst interne Prozesse schneller und effizienter organisieren lassen. Danach will man Kunden mehr Zugangskanäle zum Unternehmen öffnen, sei es über das Smartphone oder sogar physisch über gemeinsame Produktentwicklung. Die dabei abfallenden Kundendaten helfen, vom Standardangebot wegzukommen, die Kunden gezielter und differenzierte anzusprechen – und so mindestens weniger zu nerven. »Advanced Analytics« als die Fähigkeit, große Datenmengen aus unterschiedlichen Quellen und mit unterschiedlicher Struktur in hoher Geschwindigkeit auszuwerten, verweist auf Muster, die man nutzen kann, um Kunden besser zu verstehen.

Einige Beispiele gefällig? Die amerikanische Supermarktkette Target konnte mittels eingekaufter Waren feststellen, welche Kundinnen schwanger waren (implizite Personalisierung). Was dazu führte, dass ihnen Waren gezielter angeboten wurden. Amazon kann sogar die Daten seiner Kunden aus vielen Produktkategorien sammeln. Der Video- und Musikkonsum der Kunden lässt auf die Konsumelektronikwünsche schließen; die Lebensmittellieferung lässt sich mit Drogerieangeboten kombinieren. Bekannt sind auch die Lifestyle-Konfiguratoren der Autoindustrie, die durch gezielte Fragen zum Lebensstil einen Vorschlag für ein komplett individuelles Auto machen (explizite Personalisierung). Andere Advanced-Analytics-Systeme versorgen Energienetzbetreiber mit kurzfristigen Windprognosen, Kreditkartenfirmen und Online-Händler mit Betrugserkennungs-Indikatoren, Heavy-Rail-Hersteller mit Defekt-Prognosen, die Ausfälle unwahrscheinlicher machen.

Was würden Sie denn einem Manager raten angesichts dieses riesigen Wirbels neuer Vernetzungsmöglichkeiten? Wahrscheinlich das: Lassen Sie sich von Software-Unternehmen infizieren! Egal, in welcher Branche Sie arbeiten. Es geht mir hier nicht um das technische Kopieren der Software-Firmen, sondern um das neudeutsche »mindset«. Software-Firmen verstehen ihre Produkte als *Dienstleistungen,* die mit und durch den Kunden geschaffen und später kontinuierlich aktualisiert werden. Da können Sie auch von (guten) Hotels lernen. Dienstleistungen werden jedenfalls die ultimativ wettbewerbsdifferenzierenden Faktoren für alle Unternehmen. Wenn sich Prozesse und Produkte ähneln, dann wird Service den Unterschied machen. Dann werden Kundennähe und persönlicher Kontakt entscheiden. So paradox das klingt: Digitalisierung macht die Welt zum Service-Eldorado. Das ist die neue Logik der Wertschöpfung für B2B und B2C.

Produkte werden nur mehr die Basis-Hardware für Dienstleistungen. Autos z.B. verkaufen sich zukünftig weniger wegen des Motors und der Karosserie, sondern wegen der Services, die durch das Auto zu beziehen sind. Wenn es gut läuft, dann kommt es zu einem qualitativen Umschlag, den wohl niemand so eindrucksvoll formuliert hat wie Frederick W. Smith, CEO von FedEx: »We thought we were selling the transportation of goods – in fact we are selling peace of mind.« Seelenfrieden verkaufen – was für eine schöne Idee.

10.

Wo der Puck hinkommt. Kämmen Sie mal die Literatur zur Digitalisierung durch. Die Beiträge bersten nur so von Bekenntnissen zum Kunden. Meistens angehängt, nachdem man technische Preziosen erklärt hat. Das wirkt nicht selten wie ein Disclaimer, der jedes Ernstnehmen ausschließt. Der Kunde wird nicht einmal näher präzisiert. Fragen Sie sich selbst: Wissen Sie, wer Ihr Kunde ist? Auf wen Sie zuarbeiten? Wer Ihnen Ihr Produkt oder Ihre Dienstleistung abkauft?

Die Antwort auf diese Frage ist fast nie so klar, wie sie zunächst scheint. Umgangssprachlich ist es zunächst der externe Kunde, der die Marktmacht besitzt, also Wahlmöglichkeiten hat. Aber auch diese allgemeine Bestimmung ist oft unscharf. Denn aus der Optik eines Unternehmens ist der externe Kunde keineswegs immer der sogenannte »Endverbraucher«. Je nach Branche gibt es unendliche Verzweigungen: Zielgruppen? Sinus-Milieus? B2B oder B2C? Kunden unserer Kunden? Handel? Die ganze Welt? Nehmen wir exemplarisch das Buchgeschäft: Ist der Kunde der Leser? Der Buchhandel? Der eigene Vertrieb? Womöglich der Autor? Oder im Pharmageschäft: Ist der Patient der Kunde? Der verschreibende Arzt? Die Einkäufer der Hospitäler? Die Krankenkassen? Die Politik? Oder sprechen Sie gar nicht mehr vom Kunden, sondern unpersönlich vom »Nutzungsverhalten«?

Wie immer Ihre Antwort ausfällt, sie ist nicht einmal stabil. Schon gar nicht, wenn Sie über Stammkunden sprechen, die sogenannten »Fans«. Traditionell überschätzen die Unternehmen die Fan-Quote ihres Unternehmens. Das legt jedenfalls eine Studie nahe, die mit 3500 befragten Verbrauchern und 100 Unternehmensvertretern die bisher umfassendste zum Thema Kundentreue ist. An der Spitze steht Amazon mit 9,7 Prozent, dann Apple mit 4,4 Prozent, dahinter die Telekom und BMW. Kleine Zahlen. Stabil ist der Kundenstamm aber weder innerhalb einer Branche noch außerhalb. Gibt es überhaupt noch klar abgegrenzte Branchen? Ist Facebook ein soziales Netzwerk oder ein digitales Medienunternehmen? Ist Spotify eine Musikfirma oder ein Tech-Unternehmen? Und sind die für Deutschland so wichtigen Automobilhersteller nicht zunehmend Mobilitätsdienstleister und kapern damit fremde Bühnen? In diesem Zusammenhang stellt sich die Frage, wem die Kunden »gehören« und wie man sie »behalten« kann. Und ob man sie überhaupt »behalten« kann und sollte. Als Haupttendenz dürfen wir feststellen, dass sich der enge Kundenfokus auflöst zugunsten eines breiten Marktbegriffs – Kunden, Märkte und Wettbewerber sind einfach zu volatil.

Selbst diese Aspekte beziehen sich nur auf die Gegenwart. Wenn wir die Zukunft hinzufügen, sprechen wir von der »Antizipation künftiger Kundenerwartungen«. Wie es der kanadische Eishockey-Star Wayne Gretzky einst sagte: »Geh nicht dahin, wo der Puck ist, sondern wo der Puck hinkommt.« Kundenwünsche in Erfüllung gehen lassen, von denen der Kunde nicht einmal weiß, dass er sie hegt. Dann wird die Gegenwart durch den Vorgriff auf die Zukunft gestaltet.

In manchen Unternehmen spricht man von einem »Zielentwurf«. Etwa: »Das wollen wir 2030 sein!« Das klingt nicht, das tönt nur. Denn ernsthaft kann man das nur bei Windstille versuchen; auf volatilen Märkten ist der Entwurf schnell Makulatur. Realitätsnäher ist, wenn Sie sich iterativ an Marktveränderungen anpassen, wenn Sie auf ein scharf umrissenes Zielbild verzichten. In jedem Fall ist das der Kompass: *Jetzt* tun, was der Kunde *demnächst* braucht.

Was heißt das für Ihre Praxis? Wichtig ist zunächst, dass Sie sich mit Ihren Kollegen einigen, welchen Kunden Sie *jetzt* meinen, wenn Sie miteinander sprechen. Sonst reden Sie aneinander vorbei. Verstricken Sie sich dabei nicht in detaillierte

Analyse- und Konzeptphasen. Meinem Eindruck nach wird dort oft viel Momentum verschenkt. Man verliert sich gerne in »zielgruppengenauen« KPIs und Plänen, die allerdings – nach einem Wort Helmuth von Moltkes – bei der ersten Feindberührung sterben. Will heißen: Ist das Konzept fertig, ist der Kunde schon woanders. In der Wirtschaft ist es anders als im Fußball: Da gibt es kaum noch treue Fans. Sondern zunehmend Menschen, die immer neu wählen, die man also leicht verlieren kann. Die gute Nachricht lautet: Dafür sind sie auch recht leicht zu gewinnen! Ich kann noch anerkennen, dass eine Analysephase unerlässlich ist. Doch dann ist es besser, sich die Konzeptphase zu sparen, einfach anzufangen und sich Schritt für Schritt den Marktveränderungen anzupassen. So wird es in der agilen Software-Entwicklung durch den Scrum-Prozess gelebt. Mit diesem Thema sind Sie also nie fertig. Nie haben Sie Ihr Ziel erreicht. Sie müssen sich mit Ihren Mitarbeitern zusammensetzen und immer wieder neu definieren, wen Sie jetzt mit Kunden meinen.

11.

Pain Points. Ich brauche einen Techniker, der ein Internetproblem löst. Ich rufe beim Provider an. Mir wird beschieden, ein Techniker komme übermorgen zwischen 08:00 und 12:00 Uhr. Ob der Zeitraum, so frage ich, nicht enger einzugrenzen wäre? Nein, das ginge nicht. Ich muss den ganzen Vormittag zuhause bleiben. Als um 11:45 Uhr immer noch kein Techniker da ist, rufe ich abermals an, werde vertröstet, er müsse jede Minute kommen. Um 12:55 Uhr ist er da, kann das Problem aber nicht lösen, weil ein Spezialstecker fehlt. Dafür aber morgen zwischen 08:00 und 12:00 Uhr ... Habe ich falsche Erwartungen?

»Der Kunde hat Erwartungen, vergleicht uns mit der Konkurrenz und stuft uns entweder besser oder schlechter ein. Das geht nicht sehr wissenschaftlich vor sich, ist jedoch verheerend für den, der dabei schlechter abschneidet.« Ein Zitat von Jack Welch, dem ehemaligen CEO von General Electric. Definieren wir also Kundenzentrierung als die »Erfüllung von Kundenerwartungen«. Was die Frage aufwirft: Wie genau kennen Sie Ihre Kunden?

Für viele etablierte Hersteller heißt Kundenzentrierung schlicht: Servicegeschäft ausbauen. Das kann erfolgreich sein, muss es aber nicht. Sonst wären Aldi und die Direktbanken nie erfunden worden. Sondern das Wissen um die Kundenerwartungen. Was wollen Kunden? Was wollen sie wirklich? Wissen wir das?

Wir bilden uns oft ein zu wissen, was der Kunde will. Wir nehmen uns mitunter selbst zum Maßstab, schließen von uns auf andere, von den eigenen Vorlieben auf die Vorlieben der Kunden. Vielleicht nicht aller Kunden, aber doch der meisten. Da liegt man oft daneben. Es ist hilfreich, sich an dem zu orientieren, was in der Szene der »pain point« genannt wird. Was stört den Kunden am meisten? Wo tut es weh, wenn etwas nicht funktioniert? Dieser »pain point« kann je nach Branche sehr unterschiedlich liegen. Das kann im Elektrohandel ein großer Preisunterschied zwischen Online und Offline sein. Das kann im Bankwesen die lange Bearbeitungszeit bei der Kontoeröffnung sein. Das kann ein Informationsdefizit in der Logistik sein: »Wo ist meine Lieferung?« Das können lange Warteschlangen in der Gastronomie sein. Das kann im Investitionsgüterbereich der Ausfall von Maschinen sein. Für den Aufzughersteller Schindler bedeutet Digitalisierung vor allem »Predictive Maintenance«, die vorausschauende Wartung: Sensoren an den Aufzügen übermitteln täglich Millionen Daten an die Computerplattform des Unternehmens. Die Plattform erstellt daraus »vorausschauende« Einsatzpläne für die Servicetechniker, die inklusive Routenvorschläge über eine App frühmorgens auf dem Smartphone des Technikers landen. Nicht nebensächlich, wenn man bedenkt, dass Aufzüge weltweit rund 190 Millionen Stunden pro Jahr defekt- oder wartungsbedingt stillstehen.

Was folgt daraus? Arbeiten Sie aktiv dagegen an, von Ihren eigenen Vorlieben auf andere zu schließen. Was können Sie tun, um sich in die Erwartungswelt Ihrer Kunden hineinzuversetzen? Lassen Sie das Beispiel Jung von Matt in sich arbeiten: Die Werbeagentur baut seit 2004 in ihrer Firmenzentrale ein Durchschnittswohnzimmer auf, möbliert und immer wieder angepasst nach den Daten des Statistischen Bundesamtes und der Konsumforschung. Als allgegenwärtige Mahnung, sich in die Lebensatmosphäre von Familie Mustermann einzufühlen – und nicht das Lebensgefühl der Werber zu generalisieren. Analysieren Sie Ihre Kundenbeschwerden. Was tut unseren Kunden richtig weh? Was sind die »pain points«? Wie lassen die sich prophylaktisch vermeiden? Mehr noch: Disruptionen knüpfen häufig an Nervereien an, die für etablierte Produkte und Dienstleistungen typisch sind. Heben Sie diesen Schatz!

12.

Blick aus dem Fenster. Wenn Sie ein neues Auto kaufen wollen – schauen Sie zuerst auf eine bestimmte Automarke? Oder schauen Sie zunächst nach einem Fahrzeug, das Ihren Mobilitätsbedürfnissen entspricht? Was ist mit dem Standort des Händlers? Was sagt Ihr Partner zu Ihren Vorlieben? Irgendwann wird das Image der Marke dann doch eine Rolle spielen, aber ist sie so prominent? Es wird eine Mischsituation sein, sicher. Wir sind jedoch gut beraten, unsere eigene Markenstärke nicht zu überschätzen. Denn nach wie vor herrscht bei der Kundenzentrierung das Von-innen-nach-außen-Denken. Das Unternehmen wird als »Marke« gedacht, als Impulsgeber, und der Kunde als Empfänger. Es ist völlig offen, ob die Dinge wirklich so funktionieren. Es gibt gute Gründe für die Annahme, dass die Kaufentscheidung viel chaotischer verläuft, als sich manche Marketing-Experten das vorstellen.

Bei dem einen oder anderen Leser mag sich Widerspruch regen: Aber muss man denn nicht Produkte entwickeln, von denen der Kunde noch kaum weiß, dass er sie braucht? Man kann doch Kunden auf den Geschmack bringen! Dieses Argument ist nicht ganz von der Hand zu weisen. Aber wie viele Produkte wurden auf diese Weise angeboten, für die sich niemand interessierte? Wer die Asche digitalgetriebener Überheblichkeit besichtigen will, besuche das WeirdStuff-Warehouse in Sunnyvale, CA, wo Computer-Zubehör-Schrott gescheiterter Start-ups lagert und des Weiterverkaufs harrt. Vergleichen Sie dies mit Produkten, die gleichsam direkt aus einem Kundenbedürfnis stammen. Gewiss, immer wird sofort der große Visionär Steve Jobs ins Feld geführt: »Der Markt weiß nicht immer, was er will.« Aber wie viele andere dieser Hellseher kennen Sie noch? Die erfolgreichen Exemplare werden wie seltene Pflanzen herumgereicht, ausgiebig bewundert und als richtungsweisend zitiert. Über die Misserfolgreichen spricht niemand. Jedenfalls kenne ich kein Buch mit dem Titel: »Wie ich meine Firma an die Wand fuhr«. Oder »In zwölf Schritten zum Verlierer«.

Ich plädiere also für den Blick aus dem Fenster und dann eine konsequente *Von-Außen-nach-Innen-Haltung*. Und für verschiedene Informationskanäle, von denen ich einige im Folgenden entfalten will.

13.

Das große Ohr. Jede Aktivität im Unternehmen muss an externe Marktsignale gekoppelt sein. Was will der Kunde? Bezahlt uns der Kunde dafür? Der Mitarbeiter muss das wissen, spüren, ein Sensorium dafür entwickeln. Damit wird er zum wichtigen Thermostaten des Unternehmens. Wenn sich die Mitarbeiter so verstehen, kann das Unternehmen Pioniergewinne erzielen. Zum Beispiel: Die wenigsten Unternehmen kommen in die Wohnungen der Kunden. Servicetechniker schon. Wenn sie aufmerksam sind, können sie den Kunden auf neue Produkte und Dienstleistungen hinweisen.

Ich will mich kurzfassen, deshalb mein Vorschlag ohne lange Umschweife: Setzen Sie Ihre Mitarbeiter als Radioteleskope ein. Verwandeln Sie das ganze Unternehmen in ein großes Ohr. Und leihen Sie es Ihrer Kundschaft – das ist der, der Kunde schafft. Institutionalisieren Sie immer wieder Situationen, in denen Ihre Mitarbeiter vom Markt berichten. Der größte Versicherer Deutschlands, die Allianz, hat 2016 etwa 155 Millionen Euro in das »große Ohr« investiert. Sie hat einen »CCO« inauguriert, einen »Chief Customer Officer«. Erfahrungen und Erlebnisse der Kunden sollen direkt und schnell in die Produktentwicklung einfließen. Das Mantra: »Wir hören dem Kunden zu.« Das scheint sich zu rechnen: Die Allianz hat ihren Gesamtvertrieb fast zweistellig gesteigert – die höchste jemals erreichte Vertriebsleistung je Verkäufer. Frage an Sie: Was können Sie tun, um Ihrem Kunden noch mehr Gehör zu verleihen?

14.

Digital verstärken. Das fränkische Unternehmen Mangelberger stellt auf hochautomatisierte Weise Schalt- und Lichtanlagen her. Alle 9000 weltweit eingesetzten Anlagen sind mit der Zentrale in Roth verbunden. Für jeden Kunden existiert mithin ein virtueller Doppelgänger im Computer. Damit lassen sich nicht nur Störungen prognostizieren und rasch beheben. Damit lässt sich auch der Energiebedarf der Kunden auswerten und Sparpotenzial aufdecken.

Eine ähnliche Möglichkeit, durch Digitalisierung mögliche Kundenbedürfnisse zu befriedigen, können Sie bei Marktkauf sehen, einem Einkaufszentrum im niedersächsischen Adendorf. Dort sind die Frischetheken mit elektronischen Etiketten ausgestattet. So kann man schnell auf Preisänderungen reagieren. Gesteuert wird das über einen WLAN-Hotspot, den auch Kunden kostenlos nutzen können. Das wiederum ermöglicht »Micro-Targeting«: Die Kunden können Rezepte für jene Waren abrufen, die sie gerade gekauft haben. Oder die passende Weinempfehlung zum Fleisch.

Was ist das Gemeinsame dieser Beispiele? Beiden Unternehmen gelang es, traditionelle Kundenbindung in die digitale Welt zu überführen und so noch zu verstärken. Das physische Produkt wurde Träger für digitale Dienstleistungen. Das kann man mutig generalisieren und in die Zukunft projizieren: Gewinnen wird nicht mehr, wer produziert, sondern wer *verbindet*. So wie das Auto sich entwickelt zur Plattform für digitale Dienstleistungen rund um die Mobilität. Digitalisierung bedeutet mithin nicht, alles neu zu erfinden. Sondern auch die bisherigen Leistungen auszubauen. Das sind Leitfragen: Was sind Ihre bisherigen Stärken? Woran können Sie anknüpfen? Wenn Sie dazu eine Übung machen wollen, dann lesen Sie das Folgende.

15.

Appreciative Inquiry. Die Gruppenmoderation »Appreciative Inquiry« – oft nur AI genannt – habe ich einige Male für amerikanische Unternehmen durchgeführt. Die Methode konzentriert sich konsequent auf das bisher Gelungene. Sie geht davon aus, dass Sie auch in digitalen Zeiten nicht alles Bestehende über Bord werfen müssen, sondern zunächst einmal die positiven Erfahrungen der Vergangenheit sichern sollten. Diese bewusst zu machen ist psychologisch hilfreich, lenkt es die Energien doch auf das Gute: Wer auf das Positive schaut, kriegt mehr davon. Ausdrücklich wird darauf verzichtet, Fehler und Schwierigkeiten zu thematisieren. Das verhindert Rechtfertigungen und überwindet Blockaden. Diese Methode ist daher besonders geeignet, wenn es in Ihrer Gruppe hohe Widerstände gegenüber Veränderungen gibt.

Meiner Erfahrung nach funktioniert AI hervorragend, wenn man sie sehr eng auf die Kundenbeziehung fokussiert. Handwerklich ist es wichtig, immer wieder die Perspektive der Kunden zu betonen: Es geht nicht darum, was *Sie* für gute Kundenzentrierung halten, sondern was der *Kunde* erwiesenermaßen dafür hält. Sollten Sie eine solche Übung mit Ihrem Team planen, holen Sie sich einen guten Moderator. Sonst dominieren immer ein paar Meinungsbegeisterte. Moderieren Sie nicht selbst; als Teil des Systems können Sie kein System moderieren. Üblicherweise durchläuft das Team dann vier Phasen:

1 Discover: Welche Beispiele für exzellente
  Kundenzentrierung haben wir?
2 Define: Wie sähe eine digitale Kundenzentrierung
  idealerweise aus?
3 Design: Welche konkreten Schritte dahin sind nötig?
4 Deliver: Wer macht was, wann und mit wem?

Die Methode funktioniert gut unter einer Bedingung: dass bereits eine intensive Kundenbeziehung vorliegt. Sonst gibt es da nichts ins Digitale zu überführen. Besonders ertragreich: Einem Baumaschinenhändler gelang es, zwei wichtige Kunden für die Teilnahme an diesem Workshop zu gewinnen. Und noch ein Erfahrungswert: Vereinbaren Sie sofort nach dem Workshop einen Check-up-Termin. Sonst passiert nichts.

16.

Kundenbefragungen abschaffen. Kennen Sie das? Ein Unternehmen nimmt bei Kundenbefragungen nachhaltig beste Plätze ein – aber der Umsatz stagniert, ist sogar rückläufig. Wie kann das sein?

Um das zu erklären, muss ich etwas weiter ausholen. Es gibt einen Unterschied zwischen Motiven, die Handlungen *erklären,* und Motiven, die Handlungen *auslösen.* Forschungen der Neurobiologie identifizieren eine evolutionsgeschichtlich jüngere Hirnregion, deren Prozesse dem Menschen bewusst werden und die ein Gefallen artikulieren (»liking«). Diese Prozesse können sich zu einem Begehren (»wanting«) verstärken. Weitgehend unabhängig davon werden in einer älteren Hirnregion Botenstoffe erzeugt, die wir nicht bewusst wahrnehmen, deshalb auch nicht artikulieren können. Aber erst diese Botenstoffe lösen Handlung aus (»acting«). Zwischen Meinung, Begehren und Handlung gibt es also offenbar keine lineare Verknüpfung. Wir mögen vieles, begehren manches – aber ob wir handeln, ist damit noch lange nicht entschieden.

Das hat Konsequenzen für Marketing und Vertrieb. Marketing geht davon aus, dass es potenzielle Kunden mit einem Mix aus rationalen Argumenten und Gefühlsbotschaften zum Erwerb von Produkten und Dienstleistungen veranlassen kann. Dabei stützt man sich weitgehend auf das, was Kunden sagen und was von der eigenen Erfahrung gespiegelt wird. Aber kommt man damit dem Problem wirklich nahe?

Wir wissen aus der Erkenntnistheorie: Befragungen bilden die Wirklichkeit nicht ab, sondern *erzeugen* sie. Wie das? Nun, Befragungen leiden an mehreren Defiziten. Stellen Sie sich vor, Sie werden als Kunde befragt. Man bringt Sie in eine experimentelle Situation, die als solche auch sofort kenntlich ist. Darauf stellen Sie sich ein. Sie wissen, dass jetzt etwas Gehaltvolles von

Ihnen erwartet wird. Sie werden Antworten geben, die wohlüberlegt sind, die dem Frager nützen. Oder sozial erwünschte Antworten – weil Sie wissen, dass die Daten ausgewertet werden. Auch die Fragen selbst lenken Sie in eine bestimmte Richtung – so wie der Scheinwerfer, der alles außerhalb des Lichtkegels im Dunkeln lässt. Auf diese Weise wird Ihr Entscheidungsverhalten unter Bedingungen untersucht, die statisch sind und im Labor entwickelt wurden. Das entspricht aber nicht der Wirklichkeit. Der Prozess Ihrer Entscheidung ist vielmehr ein dynamischer Vorgang, bei dem sich Eindrücke überlagern, der oft unter Zeitdruck stattfindet und weitgehend unbewusst ist. Isolierte experimentelle Settings helfen wenig; die Komplexität alltäglicher Situationen lässt sich nicht so leicht zerlegen. Zum Beispiel urteilen Probanden viel freundlicher, wenn sie nach dem Mittagessen befragt werden.

Also: Wenn der Kunde etwas mag und sagt, dass er es mag, heißt das keineswegs, dass er dafür Geld auf den Tisch legt. Kundenbefragungen können somit in die falsche Richtung weisen. Auf diese wackelige Basis sollten Sie keine Verkaufsstrategien bauen. Vielleicht erinnern Sie Henry Fords Spruch: »Wenn ich den Kunden gefragt hätte, was bei einer Kutsche zu verbessern wäre, wäre die Antwort gewesen: schnellere Pferde.«

Meine Empfehlung also: Raus aus den Kundenbefragungen. Sie dienen lediglich der Selbstberuhigung der Organisation. Wenn Sie Ersatz suchen, dann finden Sie den auf der nächsten Seite.

17.

Tun, was der Kunde tut. Wenn Kundenbefragungen der falsche Weg sind, so werden Sie mit Recht fragen, was ist denn der bessere? Mit nichts sagen Ihnen die Kunden wahrhaftiger, was sie wollen, als durch ihr Verhalten. Also: *Beobachten* Sie Ihre Kunden, auch wenn das vergleichsweise teuer ist. Analysieren Sie das Verhalten der Kunden – sowohl physisch wie auch virtuell. Experimentieren Sie: Schaffen Sie unterschiedliche Erlebniswelten und studieren Sie die Kundenreaktion. Was Menschen *tun*, nicht was sie sagen. Und schon gar nicht, was sie antworten. Das läuft in Unternehmen oft in die Diskussion, ob man nun Qualität oder Quantität wolle. Als Regel kann gelten: Zunächst Quantität, dann Qualität. Anfangs viel ausprobieren, vieles früh und billig scheitern lassen. Weniges beibehalten und veredeln.

Was konkret tun? Ihr Unternehmen muss den Kunden besser kennen als der sich selbst. Das sind Möglichkeiten:

1. Kunden-Workshops: aktives Einbeziehen der Kunden mittels der Szenario-Technik oder Consumer Experience Center.
2. Kunden-Beobachtung (a): das Verhalten von Kunden im Kaufalltag analysieren (Disney analysiert die Zuschauerreaktionen während des Films: FAV – factorized variational autoencoders).
3. Kunden-Beobachtung (b): alternative Kaufsituationen schaffen und das Verhalten der Kunden analysieren.
4. Verkäufer-Training: Verkäufer für die schwachen Signale der Kunden sensibilisieren (wenn der Verkäufer weiß, dass der Kunde ohnehin befragt wird, hört er weniger genau zu).
5. Branchenfremde: Experten hinzuziehen, die außerhalb der eigenen Branchenlogik Impulse setzen können.
6. Daten sammeln. Daten sammeln. Daten sammeln. Mit

Advanced Analytics auswerten. Von Menschen beurteilen lassen.

7. Design-Thinking: Nicht Sich-in-den-Kunden-Hineinversetzen, sondern selbst das tun, was der Kunde tut. Erfahrungen machen, auswerten und mit Kunden testen.

Die Verhaltensanalyse des Kunden muss die Grundlage der Organisation sein. Das hebt die traditionelle Trennung von Marketing und Vertrieb auf (zumindest im B2C). Beide Bereiche sind verantwortlich für den Blick auf die Kundenerfahrung. Für beide, wie auch für den Kunden, gilt das biblische Wort: »An ihren Taten sollt ihr sie erkennen.« Sie können also wählen: Wenig Geld, das nichts bringt; oder viel Geld, das wenigstens etwas bringt. Die einzige Frage, die nur Sie beantworten können: Welches Experiment ist das wirksamste, schnellste, einfachste, kostengünstigste, provokativste?

18.

Institution vor Individuum. »Die Qualität wird sich erst verbessern, wenn die Mitarbeiter verstehen, dass ihr Gehalt vom Kunden kommt und nicht von mir.« So ein Firmenchef nach einer Reihe von Pannen und Qualitätsproblemen. Die grundlegende Denkfigur dieser Aussage ist klar: Das Management beklagt die mentale Zurückgebliebenheit der Mitarbeiter im Namen eines höheren Wertes, eben der Kunden. Das kennen Sie, das ist bekanntes Gelände. Und es ist im Unbedeutenden richtig, im Essenziellen falsch. Natürlich können Sie das Problem in bekannter Weise dem einzelnen Mitarbeiter in die Schuhe schieben. Genau das macht der Hauptstrom der Management-Theorie: Er sieht die Menschen als die »weichen« Faktoren. Entsprechend sollen sich die Menschen ändern. Aber die »harten« Faktoren bleiben die alten, die Institutionen, unter denen die Menschen die Leistung erbringen sollen.

Das ist vorbei. In digitalen Zeiten muss Führung die Organisation grundlegend überdenken. Wenn Sie das genauso sehen, dann lautet Ihre Frage anders: Warum verhalten sich unsere Mitarbeiter *nicht mehr* kundenorientiert? Sind die Strukturen im Unternehmen so gebaut, dass der Kunde tatsächlich keine Rolle spielt, sondern gleichsam »künstlich« wieder eingeführt werden muss? Und vor allem: Was tragen wir als Management dazu bei?

Sie sollten somit, auch wenn das etwas ungewohnt klingt, Ihr Augenmerk vorrangig darauf richten, was die Kundenzentrierung *behindert*.

- Welche Strukturen sind nicht an Marktsignale gekoppelt?
- Welche Institutionen sind gar kundenfeindlich?
- Woran können wir erkennen, dass wir den Kunden nachrangig behandeln?

- Was ist aus Sicht des Kunden besonders störend (»pain point«)?

Das ist eines der bewährtesten Rezepte aus meiner Beratungspraxis: Räumen Sie zunächst innerhalb Ihres institutionellen Rahmens auf! *Man baut keine neuen Unternehmen mit alten Institutionen.* Erst dann – also erst danach! – können Sie die individuellen Aspekte anschauen. Natürlich gibt es Fehlbesetzungen. Aber viel häufiger gibt es kundenfeindliche Strukturen.

19.

Extern vor Intern. Jeff Bezos von Amazon ist, wie schon gesagt, bekannt dafür, sich wie besessen am Kunden zu orientieren. Und dieser Geist müsse stets lebendig bleiben, sonst sterbe das Unternehmen. So der Amazon-Gründer in einem Brief, den er im Frühjahr 2017 an seine Aktionäre richtete. Konkret wird das beim berühmten Allokationsproblem: Wo investiere ich einen Sack Geld? Der Reflex etablierter Organisationen ist klar: in die Vertikale! Der hierarchisch Obenstehende stellt Fragen, »unten« antwortet. Da wird reportet, monitort, ge- und vermessen, dass es eine helle Freude ist. Und noch ein weiterer KPI schließt die Steuerungslücke. So haben die Unternehmen in den letzten Jahren unendlich viel Kundenablenkungsbürokratie aufgebaut. Man beschäftigt sich hingebungsvoll mit sich selbst, baut Institutionen auf, die dem alten Modell »Command-and-Control« zu danken sind. Die Mitarbeiter bekommen Nackenstarre vor lauter Nach-oben-Gucken.

Ein Selbsttest als Rezept: Überschauen Sie die letzten Tage – wie viele Stunden Ihrer Arbeitszeit verbringen Sie mit Vertikalspannung, mit oben/unten, mit internem Geplänkel? Und wie viele Stunden sind direkt auf den Kunden gerichtet? Wenn Sie nicht ein Sonderfall sind, dann beschäftigen Sie sich vorrangig mit »internen Märkten«, mit Organisation und Mitarbeitern, stecken bürokratische Hindernisläufe ab. Das mag alles berechtigt, nicht mal neurotisch sein, aber das bringt Ihr Unternehmen am Point of Sale keinen Meter weiter. Im Gegenteil: Es entfernt Ihr Unternehmen vom Kunden. Draußen aber, im Markt, da müssen Sie den Wettbewerb gewinnen. Dorthin müssen Sie Ihre Energien lenken. Wenn Sie also einen Sack Geld in der Hand haben, platzieren Sie ihn möglichst nahe am Kunden. Investieren Sie ihn in die Horizontale!

20.

Magic Cleaning. Wenn Sie sich und Ihre Organisation in obiger Beschreibung auch nur ansatzweise wiedererkannt haben, dann sind Sie gefordert: Wie können Sie einen Sog nach außen erzeugen, zum Markt, zum Kunden? Wie können Sie im Unternehmen die *Horizontalspannung* stärken? In drei Minuten werden Sie um eine Antwort reicher sein.

Ich übertreibe nur wenig, wenn ich sage, Unternehmensführung ist in den letzten Jahren verkümmert zur angewandten Pannenhilfe. Ob Qualitätsmanagement, Change Management oder Six Sigma – dieses Denken passt zu einer Welt ohne Überraschungen. Es will reparieren oder optimieren. Eiliger Reformismus innerhalb einer Struktur verhindert dabei häufig die Veränderung der Struktur selbst. Entsprechend sind die Veröffentlichungen zur Digitalisierung voller Hinweise, was Sie *tun* können. Niemand sagt, was Sie *lassen* sollten. Die Zukunftsfähigkeit eines Unternehmens besteht jedoch hauptsächlich aus Moden, die es sich abgewöhnt. Es geht bei der Wiedereinführung des Kunden vor allem ums *Entrümpeln* der Organisation. Um ein »Nicht-Tun« bzw. »Nicht-mehr-Tun«. Das ganze Management-Gedöns in Zweifel ziehen, das in den letzten Jahrzehnten angespült wurde. Ab damit in den großen Mülleimer! Ihnen werden sofort etliche Institutionen, Systeme und Richtlinien einfallen, die Sie ersatzlos streichen können, ohne dass die Unternehmensarchitektur bedroht ist. Wie kann man Platz machen für Selbstführung? Für Selbstorganisation? Um genau jenen Verlust einer unternehmerischen Zentralperspektive zu kompensieren, der für moderne Unternehmen typisch ist.

Entrümpeln war schon immer wichtig; bereits Peter Drucker hatte seinerzeit darauf hingewiesen. »Magic Cleaning« heißt es heute. Das schafft Raum. Raum für den Menschen in seiner

Fähigkeit, mit Unklarheit und Widersprüchlichkeit umzugehen. Seine Besonderheit muss man nutzen. Ihn darf man nicht allzu sehr einengen, sollen sich seine Potenziale entfalten können. Nichts ist teurer, als den menschlichen Einfallsreichtum durch formale Verfahren der Organisation zu behindern. Und nichts ist einfacher und damit günstiger als eine *grobe Struktur*, die alles Weitere der menschlichen Kreativität beim Kunden über-lässt. Nach außen hohe Komplexität, nach innen niedrige Kom-plexität, das ist die Kunst. Also: Ausmisten! Reinigen Sie Ihr Unternehmen zum Einfachen hin; es ist eine Investition in die Antifragilität.

In der Praxis gestaltet sich das oft schwierig. Man begleite nur einmal einen sogenannten »Entrümpelungstag« in irgend-einer Firma: Es ist unglaublich, wie verbissen jeder seinen orga-nisatorischen Status quo verteidigt. »Diese Richtlinie abschaf-fen? Nein, jede andere, aber diese gerade nicht!« Wenig empört heute mehr als der Vorschlag, man solle auf etwas verzich-ten. Aber da müssen Sie jetzt durch. Sie müssen leichter wer-den, wenn Sie agil werden wollen. Sie sind exakt so agil, wie Ihr Kunde denkt, dass Sie es sind. Und gerade in digitalen Zei-ten kommt immer eher noch etwas hinzu, als dass jemand mal etwas weglässt oder nicht mehr tut.

Meine wichtigste Empfehlung lautet daher: Schwächen Sie die Vertikalspannung! Indem Sie Kundenablenkungsinstituti-onen entsorgen. Stoppen Sie z.B. alle Projekte ohne direkten Kundenbezug. Meiden Sie alle Meetings, die sich nur mit inter-nen Abläufen befassen. Dadurch lenken Sie die Energien in die Horizontale. Das sollten Sie regelmäßig thematisieren: Wel-che Institutionen, Systeme und Richtlinien können wir weg-nehmen, ohne dass aus Sicht des Kunden etwas fehlt? Unter-lassen Sie künftig alles, was die Mitarbeiter nach »oben« oder »unten« blicken lässt, was interne Märkte eröffnet, was büro-kratisch lähmt. Seien Sie skeptisch bei jeder Intervention in die

Organisation und fragen Sie: »Welche Leitunterscheidung wird da gestärkt?« Wenn die Antwort lautet »oben/unten«, dann denken Sie noch einmal nach und prüfen Sie, ob das wirklich notwendig ist. Ob Ihnen der Kunde das bezahlt. Alles, was keinen Wert für den Kunden schafft, kann weg. Erfolg ist steigerbar durch Verzicht.

21.

Freie Leitung. Wir müssen noch ein bisschen beim Entschlacken bleiben. Dazu möchte ich Ihnen ein Beispiel erzählen: Ich bemühe mich seit Tagen, einen Kundendienstbeauftragten (komisches Wort!) ans Telefon zu bekommen. Alle Anrufe laufen ins Leere. Als ich ihn endlich spreche, entschuldigt er sich, er habe während der letzten Tage vor lauter Meetings vergessen, die Rufumleitung einzuschalten. Vergessen? Vergessen denjenigen, der sein Gehalt bezahlt? Kein Einzelfall, Sie werden als Kunde Ähnliches erlebt haben. Und nur zu geringen Teilen ist das individuelle Nachlässigkeit. Sondern die Konsequenz kundenabgewandten Organisierens.

In Unternehmen beginnt alles in Enthusiasmus und endet in Organisation. So sind viele Institutionen in die Unternehmen eingeführt worden, die den *Sound* der Kundenzentrierung erzeugen. In Wirklichkeit sind sie Placebos. Sie bewirken, dass nichts Entscheidendes passiert. Sicher, ein gutes Beschwerdemanagement ist wichtig. Es kann hohe Loyalität beim Kunden entstehen lassen. Viele andere Instrumente sind aber oft nur Entlastungsarrangements. In Tat und Wahrheit puffern Unternehmen ihren sogenannten »produktiven« Kern gegenüber den Markt-Umwelten ab. Sie bedienen sich dabei einer Schutz-Peripherie aus »Service-Centern«, Hotlines und »Kundenzufriedenheitsbeauftragten«. Das sind langsame und unflexible »Man-hat-etwas-getan«-Beispiele für ein System struktureller Inkonsequenz.

Meine Empfehlung: Schaffen Sie diese Entlastungsarrangements ab! Schaffen Sie den Kundendienst ab! »Kundendienst« ist ein Etikett, das einen bestimmten Unternehmensteil als besonders »dienend« ausweist, das aber implizit viele Mitarbeiter von ebendiesem Dienst entbindet. Wahrscheinlich sogar die meisten. Das ganze Unternehmen aber ist Kundendienst!

Gehen Sie noch einen Schritt weiter: Sie sollten keinen Kundendienst anbieten, sondern *dienen*. Das ist ein Unterschied!

Mir ist bewusst, dass das für manche von Ihnen harter Tobak ist. Aber prüfen Sie den Gedanken, bevor Sie ihn ablehnen: »Schützen« Sie nicht das Unternehmen vor »störenden« Kunden. Der Kunde hat immer Priorität! Jeder im Unternehmen muss mit den Problemen und Wünschen des Kunden konfrontiert werden. Daher auch: Vorrang für Kundenanrufe! Sorgen Sie dafür, dass Sie für Kundenanrufe immer erreichbar sind. Heben Sie sich vom Wettbewerb ab und stellen Sie zusätzliche Mitarbeiter für die Anrufbeantwortung ein. Setzen Sie sich selbst immer wieder ans Telefon, um ein Gefühl für die Kundenthemen zu bekommen. Nutzen Sie die technischen Möglichkeiten – jeder kann heute über Laptop Kundenanfragen bearbeiten. Nur dann sind Sie am existenziellen Kern Ihrer Arbeit.

22.

Call-Center. »Alles, was ich wissen muss, um T-Mobile zu führen, weiß ich von Twitter.« So John Legere, gefeierter CEO von T-Mobile USA auf dem GeekWire Summit 2014. In einer beispiellosen Aufholjagd jagte er seinen Rivalen immer mehr Marktanteile ab und führte das Unternehmen auf Rang 3 der US-Mobilfunkanbieter.

Interessieren Sie sich für sein Erfolgsrezept? Er nennt in Interviews regelmäßig zwei: Twitter als Hauptfeedbackquelle für seine »Uncarrier«-Aktionen, mit denen er Kundenprobleme löst. Und der Verzicht auf Call-Center.

Call-Center wurden einst eingeführt, um das Unternehmen für Kunden jederzeit erreichbar zu machen. Die Absicht war löblich. Wenngleich die Wirklichkeit oft anders aussieht: Oft huldigt man der heiligen Vierfaltigkeit von Customer-Care-Centern: Kunden beruhigen, Fehler aufnehmen, Fehler in die Statistikdatei schreiben, Kunden abwimmeln. Ewig stecken Kunden in der Warteschleife, dann wird ihnen umständlich die Firmenorganisation erklärt, sie werden mehrfach weiterverbunden und erhalten schließlich die Erklärung, warum man leiderleiderleider nicht helfen könne. Wenn man nicht schon vorher aus der Leitung fliegt.

Das alles ist ärgerlich genug. Aber ein weit größerer Kollateralschaden entsteht dadurch, dass das Unternehmen so auch *von der Außenwelt abgeschirmt* wird. Man erlebt Kundenbedürfnisse nur gefiltert, hört selbst keine Beschwerden mehr, kann sich »ungestört« den internen Prozessen widmen. Man lebt unter einer Käseglocke. Das kann sich in digitalen Zeiten kein Unternehmen leisten. Da hilft es auch nicht, die Call-Center mit digitalen Kollegen zu besetzen, den sogenannten Chat-Bots, die sogar, man staune, bei verärgerten Kunden besonders zartfühlend antworten.

Mein Vorschlag: Schaffen Sie Call-Center ab! Oder besser: Werden Sie ein einziges großes Call-Center! Seien Sie rund um die Uhr für den Kunden verfügbar. Das lässt sich organisieren. Über Social Walls und Dashboards können Sie soziale Medien scannen und sich ungefilterte Informationen schnell und direkt zugänglich machen. Mit einem Blick sehen Sie, was Ihre Kunden beschäftigt. So hat sich der deutsche Telekom-Manager Christian Illek die Telekom Social Wall in sein Bonner Büro installieren lassen. Damit kann er den Kunden in Echtzeit zuhören. Auch Ihre Zentrale kann mit Breitbandtechnologie und Voice-over-IP alle Kundenanrufe auf Ihr Notebook routen. Einfach Headset anstecken, los geht's. Das wollen Sie nicht? OK. Andere wollen es. Oder nutzen Twitter.

23.

Meinungsindustrie. Das Unternehmen vom Kunden her denken – das hat in Zeiten der Digitalisierung viele Konsequenzen. Zum Beispiel für den Kundendialog. In analogen Zeiten erreichten briefliche Zuschriften das Unternehmen, die wiederum per Brief beantwortet wurden. Diese entspannte, da zeitlich gedehnte Praxis wurde durch das Telefonat abgelöst. Das war weniger entspannt, weshalb so manches Unternehmen sich hinter Call-Centern verschanzte (siehe oben).

Telefoniert wird heute immer noch; aber man versucht, den Kunden auf Distanz zu halten: Manchmal ist es nahezu unmöglich, eine Hotline-Nummer des Unternehmens zu finden. Man will den Dialog verschriftlichen, die E-Mail oder ein Kontaktformular sind die Mittel dazu. Das E-Mail-Ping-Pong hat einen Vorteil: Mag der Inhalt auch noch so brisant sein – die Kommunikation ist nicht öffentlich. Wenn ein Kunde schlechte Erfahrungen macht, dann schreibt er eben diese Mail und spricht im schlimmsten Fall mit ein paar Freunden und Nachbarn. Das war's.

Aber auch diese Zeiten neigen sich. Sie werden abgelöst von einer monologischen Form der Kundenkommunikation: der öffentlichen Bewertung. Daumen hoch, Daumen runter. Oder auch ein geposteter Wutausbruch. Dies verbreitet sich einerseits über die Social-Media-Kanäle wie Facebook, Twitter oder Instagram. Andererseits über die Bewertungsportale wie kununu und Glassdoor (Arbeitgeber), TripAdvisor (Hotels, Restaurants, Sehenswürdigkeiten), jameda (Ärzte) oder das Amazon-Portal, um nur einige Beispiele einer metastasenhaften Meinungsindustrie zu nennen. Das Neue: Der Kunde erwartet vordergründig keine Antwort – er will Öffentlichkeit. Er teilt seine Erfahrung nicht nur mit Freunden und Nachbarn – er teilt sie mit der Welt. Um maximale Aufmerksamkeit zu bekommen. Um

Schaden anzurichten. In einigen Fällen aber auch nur, weil es oft die einzige Chance ist, das Unternehmen überhaupt zu einer Reaktion zu bewegen. Weil er wirklich eine Antwort erwartet. Googeln Sie mal »United Breaks Guitars« und lesen Sie nach, was ein zorniger Kunde mit einem einzigen YouTube-Video alles fertigbringt.

Das Bewerten ist harmlos, mitunter sogar hilfreich, wenn der Kunde beim Online-Kauf einer Hose per Klick die Kommentare anderer Kunden einsehen kann. Es reduziert das wahrgenommene Einkaufsrisiko. Über gute Bewertungen freuen sich daher die Unternehmen. Bei schlechten Erfahrungen ist aber nicht mehr Kaufverweigerung die Waffe der Kunden, die Klinge wird schärfer: Transparenz wird zur Waffe. Mit digitaler Transparenz zielt man auf die Chance der Beschämung und der Schädigung. Im schlimmeren Fall kann ein ganzer Shitstorm losbrechen, von dem man nicht weiß, ob er einen realistischen Hintergrund hat oder von der Konkurrenz ausgelöst wurde. Dagegen mobilisiert wiederum eine parasitäre Abwehrindustrie, die automatisiert die sozialen Medien überwacht (preventive screening), Contra-Bewertungen schreiben lässt oder Influencer kauft.

Ich will Ihrem Urteil überlassen, was hier Ursache und was Wirkung ist (wenn die überhaupt zu isolieren sind). Ich will nur deutlich machen, was Kundenzentrierung unter digitalen Bedingungen heißt: das Unternehmen *von der Transparenz her* denken.

Gibt es dafür ein Rezept? Nicht wirklich, die Situation ist noch relativ neu. Dennoch ein paar Hinweise: Führen Sie sich klar vor Augen, welchen Einfluss die digitalen Möglichkeiten der Kunden haben können. Nehmen Sie dennoch nicht alles für bare Münze, was geschrieben wird. Versuchen Sie nicht, negative Kommentare zu vertuschen; prüfen Sie, ob sich so Wichtiges offenbart. Widerstehen Sie der Verlockung, Agenturen zu beauftragen, die Negativkommentare über Geldzahlung zu löschen versuchen. Aber mischen Sie sich ein, stehen Sie nicht naserümpfend und schweigend zur Seite. Reagieren Sie bedacht. Ein Dank für einen kritischen Hinweis ist in der Regel klüger als Ignoranz, Rechtfertigung oder Relativierung. Vor allem aber: Investieren Sie in die Öffentlichkeitsarbeit. Die war in analogen Zeiten ein nettes Beiwerk. In digitalen Zeiten ist sie überlebenswichtig.

24.

Nächstenliebe. Der israelische Mediziner Yehonatan Tur-
ner konnte nachweisen, dass Radiologen um 29 Prozent längere Berichte und um 46 Prozent verbesserte Diagnosen stellen,
wenn sie ein Foto des Patienten gesehen haben. Offenbar motiviert die physische Vorstellung eines Menschen.

Das korrespondiert mit einem Experiment, das David Hof-
mann und Adam M. Grant in einem Krankenhaus durchführ-
ten. Sie wollten klinisches Personal veranlassen, sich häufiger
die Hände zu desinfizieren. In der Nähe der Desinfektionsmittel war ein Schild aufgestellt, auf dem zu lesen war: »Handhygiene schützt Sie vor Krankheiten.« Auf einem anderen Schild
an einem anderen Waschbecken wurde »Sie« durch »die Patienten« ersetzt; dort stand also: »Handhygiene schützt die Patienten vor Krankheiten.« Das durchaus überraschende Resultat:
Das zweite Schild bewirkte, dass Ärzte und Pflegepersonal ein
Drittel mehr Desinfektionsmittel verbrauchten; der Verbrauch
blieb beim ersten Schild unverändert. Die bloße Erwähnung des
Endkunden machte das Handeln sinnvoller. Sogar sinnvoller als
den Eigenschutz.

Unter welchen Bedingungen würde sich Kundenzentrierung
in ihrer Firma *ganz von selbst* einstellen? Die Antwort liegt auf
der Hand: Wenn Sie eine »Vorstellung« vom Kunden haben,
wenn Sie ihn sehen können, der Weg zum Kunden kurz ist,
wenn Sie die Wirkungen Ihres Handelns unmittelbar erleben.
Was in der digitalen Welt umso schwieriger wird, je »virtueller« der Kunde wird. Viele Mitarbeiter erfahren nicht oder selten, wie sich ihre Arbeit in der Lebenspraxis der Kunden aus-
wirkt. Wenn Sie schon lange keinen Kunden mehr leibhaftig
gesehen haben oder Sie die Konsequenzen kundenignoranten
Verhaltens nicht selbst auszubaden haben, dann kann Ihnen
der Kunde letztlich egal sein. Die Tendenz zu immer größeren

Unternehmensgebilden verstärkt das. Zur Nächstenliebe ist der Mensch in der Lage; die Fernstenliebe überfordert ihn.

Man kann den Mitarbeitern noch so viel Kundenzentrierung predigen oder strenge Regeln einführen: Wahre Kundenzentrierung, die nicht zur hohlen Phrase gerinnt, findet nur statt, wenn die Arbeit in einem Unternehmen *strukturell* darauf angelegt ist. Dann erlebt der einzelne Mitarbeiter die Zuwendung an den Kunden als *sinnvoll*, dann »macht es für ihn Sinn«, sich dem Kunden zuzuwenden. Wer leibhaftig wahrnimmt, dass der Kunde ihn braucht, lernt auch, was dafür zu tun ist. Der Leistungswille resultiert dann aus dem Erleben des eigenen Beitrags. Kunden, konkrete Kunden, geben der Arbeit Richtung, einen Namen, ein Gesicht.

Dafür gibt es neue Chancen, seitdem selbst E-Commerce-affine Kunden wieder verstärkt in die Geschäfte strömen. Selbst Apple, dessen Produkte man ja eigentlich bequem im Internet kaufen könnte, startet gerade in China eine groß angelegte Filial-Offensive. Apple inszeniert sie als Begegnungsorte und nennt sie »Dorfplätze«.

Meine Anregung: Nehmen Sie sich einen Moment Zeit und beantworten für sich folgende Fragen:

- Wie viele Mitarbeiter Ihres Unternehmens haben direkten Kundenkontakt? Physisch oder digital. Proportional, nicht in absoluten Zahlen.
- Wie war das Verhältnis vor 5 Jahren?

Sie werden daran ablesen können, ob Sie Ihre Außensensibilität verlieren, sich an *innen* definierten Wirklichkeiten orientieren, am überall wuchernden Unternehmensautismus – der mittlerweile wirtschaftsethische Fragen aufwirft und in einigen Kreisen Karl Marx wieder gesellschaftsfähig macht.

Sie können aber auch gleich handeln:

1. Sorgen Sie dafür, dass mindestens 50 Prozent Ihrer Mitarbeiter Kontakt mit externen Kunden haben.
2. Beschränken Sie die Zahl der Mitarbeiter, die keinen Kontakt mit externen Kunden haben, auf einen nicht mehr reduzierbaren Rest.
3. Sorgen Sie dafür, dass diese Mitarbeitergruppe mindestens zweimal jährlich Kontakt mit externen Kunden hat (Mitfahrten, Hospitationen).
4. Erstellen Sie ein Jahrbuch, im dem jeder Mitarbeiter über ein Ereignis berichtet, bei dem er einem Kunden in besonderer Weise helfen konnte. Bei der Präsentation des Buches feiern Sie ein Fest, zu dem Sie auch Kunden einladen.

Je digitaler der Kontakt zum Kunden ist, umso mehr gilt: Bauen Sie Ihre Strukturen so auf, dass von Mensch zu Mensch gehandelt werden kann. In individueller Verantwortung für die konkreten Bedürfnisse der Menschen. Aus der Zusammenarbeit der vielen entsteht ein größeres Ganzes. Sorgen Sie dafür, dass Ihre Mitarbeiter immer wieder neuen Glanz in die Augen der Kunden zaubern. Und lassen Sie die Mitarbeiter an diesem Glanz teilhaben.

25.

Dezentrale stärken. Die Singapurer Firma Grab Taxi ist in Südostasien Marktführer für digitalgestützte Mobilität. Warum ist sie in den Ländern dieser Region stets schneller und smarter als Uber? Einerseits macht sie dasselbe, was Uber macht: Sie versteht sich nicht als Taxiunternehmen, sondern als Logistikfirma. Andererseits achtet sie peinlich genau auf die lokalen Verhältnisse. Sie kooperiert hier, integriert dort, holt einflussreiche Menschen in das lokale Management. Vor allem aber stellt sie sich auf kulturelle und sprachliche Sensibilitäten ein – die erheblich größer sind, als sie in europäischen Augen erscheinen mögen. »One size fits all« funktioniert nicht.

Wenn es in Ihrem Unternehmen auch eine Zentrale gibt, werden Sie mir zustimmen: Eine Zentrale hat zwei Rationalitäten: Macht und Kosten. Sie weiß immer besser, was für andere gut ist. Diese Tendenz wächst unter digitalen Bedingungen, weil scheinbar leichter »ferngesteuert« werden kann. Wachstum wird aber nicht in der Zentrale generiert, sondern in den Dezentralen. Beim Kunden. Dafür muss die Zentrale Macht abgeben. Oft tut sie sich schwer damit. Sobald sie die Zügel ein wenig lockert, glaubt sie, sie gäbe die Kontrolle vollständig ab. Aber Freiheit ist nicht gleich Chaos. Im Gegenteil: Die Organisationsforschung sagt uns seit vielen Jahren, dass Dezentralität und hohe Freiheitsgrade Voraussetzung sind, damit Unternehmen stabil bleiben können. Und gleichzeitig können Unternehmen genügend Flexibilität entwickeln, um sich mit der Unvorhersehbarkeit der Märkte zu synchronisieren. Es gilt: Je globaler die Wirtschaftswelt wird, desto lokaler wird sie gleichzeitig. Das Pendel schwingt immer in beide Richtungen. Es gleicht sich aus; bei Gefahr wächst das Rettende auch. Niemand kann wissen, wohin die Reise geht, deshalb sollten Sie genügend Möglichkeiten schaffen, damit Sie auf jeden Fall vorwärtskommen.

Darum geht es: Dezentralisierung erweitert den Möglichkeitshorizont. Nur dezentrale, lokal vorangetriebene Entwicklungsprojekte mit hoher Informationsautonomie sind nah genug am Kunden. Und damit zukunftsfähiger. Diese dezentralen Einheiten brauchen weitreichende *Freiräume*. Mein Vorschlag wird Sie daher nicht überraschen: Schnüren Sie das Netz von Richtlinien, Vorgaben und Kontrollen nicht zu eng. Steuern Sie zurückhaltend. Die Komplexität eines Unternehmens verträgt sich sehr wohl mit Ordnungsmustern – solange diese genügend Raum lassen für Selbstorganisation. Zentrale Funktionen sollten die Grundversorgung des Unternehmens sichern, so wie der Blutkreislauf den Körper versorgt. Aber nicht die Hände und Köpfe bewegen. Die Zentrale sorgt für betriebswirtschaftliche Sicherheit; die Dezentralen sorgen für marktwirtschaftliche Freiheit, das ist eine kluge Rollenverteilung. Es gibt in Deutschland mittlerweile viele positive Beispiele für diese Form der Unternehmensführung. Im KMU-Bereich mustergültig ist die Unternehmensgruppe Heinrich Schmid in Reutlingen. Das Besondere dort? Die Beweislast ist umgedreht: Jede kleinste Veränderung zuungunsten der Dezentralen steht unter hohem Rechtfertigungsdruck.

Was aber ist mit den Effizienzvorteilen, die sich aus der Zentralität ergeben? Die müssen Sie gegenrechnen. Auf das Gesamtunternehmen hat die Zufriedenheit einer dezentralen Einheit einen größeren Einfluss als maximale Sparvorteile. Insofern ist eine gewisse Unprofessionalität vor Ort besser als die perfekte Zentralentscheidung – so es die denn gibt.

Auch Ihre zentralen Funktionen müssen nicht unbedingt zentralisiert sein; sie können ebenso in den Dezentralen sitzen, um näher an den Prozessen zu operieren, die sie versorgen sollen. Sollten Sie die dezentralen Einheiten mit einer Holding verknüpfen, dann sorgen Sie bitte dafür, dass es eine ehrliche Holding ist. Und kein hochinvasiver Krake, der sich in alles und jedes einmischt, die guten Ergebnisse für sich reklamiert und die schlechten externalisiert.

Klug ist es, wenn Sie allen Struktureinheiten des Unternehmens ein möglichst hohes Maß an Autonomie lassen. Nur dann ist eine ebenso sparsame wie wirksame Kopplung mit der Umweltdynamik möglich. Individuen und Interaktionen sind wichtiger als Prozesse und Werkzeuge. So wie es Niklas Östberg ausdrückte, der Mitgründer von Delivery Hero: »Wir geben den lokalen Führungskräften möglichst viel Autonomie, um den Unternehmergeist zu wecken.« Er weiß wohl: Machtverhältnisse sind auf Dauer chancenlos gegen Marktverhältnisse.

Fassen wir zusammen. Wollen Sie die Grundprinzipien einer agilen Organisationsstruktur wissen, hier sind sie: *einfach, dezentral, kundenzentriert.* Zentral ist nur gut, wenn die Zentrale gut ist. Prüfen Sie, ob das Beispiel der BSH Hausgeräte GmbH Ihnen etwas gibt: Dort traf früher eine zentrale Einheit für alle Regionen weltweit die wesentlichen Entscheidungen. Heute definieren die Kollegen in China, was die Spülmaschine für den chinesischen Markt können muss. Erinnern Sie sich noch an die Wortschöpfung »glokal«? Global denken, lokal handeln. Das scheint mir nach wie vor eine kluge Empfehlung. Stärken Sie die Autonomie Ihrer dezentralen Führungskräfte!

26.

Die Frage hinter der Antwort. Lorenz Hagenmeyer, der
»Director User Experience Strategy« bei Bosch: »Angenom-
men, wir hätten den Taximarkt neu aufrollen wollen, was hätten wir getan? Wir hätten das beste, schönste, bequemste Taxi
gebaut.« Aber wäre der Automobilzulieferer Bosch auch in der
Lage gewesen, sich einen Taxiservice ganz ohne Taxi auszuden-
ken – so wie Uber?

Das ist das Kernproblem: Die meisten Unternehmen erzeugen mit ihren Produkten und Dienstleistungen eine *angebots-
orientierte* Nachfrage. Ein Plus an Mobilität, ja, das wäre für
Bosch denkbar gewesen – aber auch ohne mehr Material für
Autos zu verkaufen? Innovationen entspringen in der Regel den
vorhandenen Produkten, den bisherigen Verfahren, der eigenen
Geschichte. Die berühmten disruptiven Technologien verdanken sich aber nicht einer Antwort, sondern einer Frage: Welches
Problem will der Kunde lösen?

Auch der Banker denkt vorrangig in Produkten. Der Unter-
nehmerkunde ist jedoch selten an Produkten interessiert, mehr
an einer Problemlösung. Zum Beispiel: Wie zahle ich die Gehälter? Wann ist das Urlaubsgeld fällig? Die Bank könnte diesen
Kunden per Push-Nachricht auf dem Smartphone daran erinnern, dass in zwei Wochen das Weihnachtsgeld für die Mitarbeiter fällig wird, aber die Liquidität dafür heute nicht ausreicht.
Die klassischen Bankprodukte geben solche Antworten nicht.

Ich will Sie ermutigen, einen entschiedenen Schritt ins Neue
zu wagen. Denken Sie nicht an das Produkt! Nehmen Sie nicht
einfach das, was im Regal liegt. Denken Sie nicht von den Antworten her, sondern von den Fragen. Verbessern Sie nicht nur
das Bestehende, sondern werden Sie grundsätzlich. Alle Digi-
talunternehmer, die ich weltweit traf, graben genau danach. Das
Grundsätzliche ist das *ursprüngliche Kundenproblem*. Das ist die

Frage, die der Kunde einst stellte, bevor überhaupt noch jemand eine Antwort hatte. Im obigen Beispiel: Brauchen Sie ein Taxi – oder wollen Sie schnell von A nach B? Entsprechend: Wollen Sie Zeitungen kaufen – oder gut und schnell informiert sein? Kaufen Sie Versicherungen – oder eine stabile Zukunftserwartung? Kaufen Sie Reisen – oder Erlebnisse, die Sie als Menschen verändern? Kaufen Sie Bohrer – oder wollen Sie Löcher? Fragen wir penetranter: Wollen Sie wirklich Löcher? Oder wollen Sie nicht vielmehr Dinge befestigen? Oder wollen Sie einfach nur ein schöneres Zuhause? Das eröffnet Alternativen zu Löchern.

27.

<u>Klare Sprache.</u> Sprache ist der Zugang zu einer Welt, die uns nie vollkommen zugänglich ist. Aber ohne Sprache wäre sie uns überhaupt nicht zugänglich. Jede Sprache beschreibt die Welt ein wenig anders. In ihr schlägt sich, häufig unbemerkt, ein anderes Verständnis von Zeit, Ort und Wirklichkeit nieder. Martin Heidegger bezeichnete die Sprache deshalb als das »Haus des Seins«. Ein Paradox: Wir tragen die Sprache in uns, aber wir wohnen gleichzeitig in ihr. Ohne sie ist kein klares Denken möglich. Und klares Sprechen formt klares Denken und klares Handeln.

Ich möchte Ihnen empfehlen, Ihre Sprache und Kommunikationen zum Thema Kunde zu überprüfen. Der Kunde sollte kein »Abnehmer« sein. Kredite sollten nicht »gewährt« werden. Der Fahrgast sollte kein »Beförderungsfall« sein und am Schalter nicht »abgefertigt« werden. Sie sollten auch nicht mehr von »Vertrieb« sprechen. Natürlich wollen Sie Ihre Produkte nicht verschenken, sondern verkaufen. Aber das Wort »Vertrieb« unterstellt einen Prozess, der bei der Herstellung eines Produktes beginnt und irgendwann das Produkt »vertreibt«. Man könnte auch sagen »losschlägt«, »verkloppt« oder »in den Markt drückt«. Der Kunde wird dabei als passive, lediglich empfangende Institution gedacht – der etwas kaufen *soll*. Und nicht als Mensch, der initiativ wird und den Prozess mitgestaltet – weil er etwas kaufen *will*.

Auch das Wort vom »Außendienst« weist in die falsche Richtung. Es unterscheidet die Dienste in einen Innendienst und einen Außendienst und weist traditionell Letzterem eine Sonderrolle zu. Somit haben auch nur wenige Mitarbeiter der Firma Kontakt mit der Welt »da draußen«. Es ist fraglich, ob sich diese Struktur aufrechterhalten lässt. Auf die Gefahr, mich zu wiederholen: Sie müssen das *ganze* Unternehmen dem Kunden zuwenden. Alle Vektoren, alle Energie muss nach draußen weisen. Damit ist jeder Mitarbeiter Verkäufer. Damit sind alle Außendienst.

Noch ein Gedanke aus langjähriger Erfahrung: Wenn auch nicht alle Mitarbeiter direkten Kundenkontakt haben, so kann doch jeder »Außendienstler« seinen Job nur machen mit Unterstützung des ganzen Unternehmens. Deshalb kommt ihm auch keine Sonderrolle zu – schon früher nicht und zukünftig immer weniger. Diese Überlegung sollten Sie in die Gestaltung des Gehaltssystems einfließen lassen. Das Motto dazu: Wenn wir gut gearbeitet haben, dann haben wir *alle* gut gearbeitet – dann sollte auch jeder am Erfolg partizipieren. Und das sollten Sie auch selbstbewusst sagen. Immer wieder.

28.

Interne »Kunden«? Es gibt Organisationsdesigns, die das Unternehmen auch »intern« als Netzwerk von Kunden-Lieferanten-Beziehungen modellieren. Das anzuerkennen sei Sache der inneren Einstellung – als Antwort auf die (letztlich unentscheidbare) Frage: »Ist er für mich da oder bin ich für ihn da?« Ihnen ist sicher in der Praxis schon aufgefallen, dass sich jeder gern als Kunde betrachtet, niemand als Lieferant. Manchmal habe ich sogar den Eindruck, die Bereiche mit externem Kundenkontakt sind dafür da, gleichsam in die verkehrte Richtung zu arbeiten – also die internen Stabs- und Serviceabteilungen zu unterstützen. Der Verkauf muss dann seine Produkte gleich zweimal verkaufen: nach außen und nach innen. Wobei das Zweite schwieriger ist. Eine psychoorganisatorische Fehlhaltung! Noch komplexer wird es, wenn ein Mitarbeiter oder ganze Abteilungen überhaupt keinen externen Kundenkontakt haben, sondern behaupten, lediglich interne »Kunden« zu kennen. Leider wird diese sprachliche Unschärfe oft als Nebelwand genutzt, um implizit jede Kundenzentrierung und damit Verantwortung für das Betriebsergebnis abzulehnen.

Nun gibt es mindestens zwei wesentliche Unterschiede zwischen einem »internen« und einem »externen« Kunden: 1. Der externe Kunde hat in der Regel Wahlmöglichkeiten; er kann sich für alternative Angebote entscheiden. 2. Nur der externe Kunde zahlt. Schon diese beiden Kriterien sind hinreichend, um den Begriff »Kunde« für den externen Kunden zu reservieren. Nimmt man noch die radikale Marktzentrierung unter digitalen Bedingungen hinzu, dann muss gelten: *Es gibt nur externe Kunden!* Ich kann Ihnen nur dringend diese sprachstrategische Klarheit empfehlen. Alles hat sich auch sprachlich dem Endkunden unterzuordnen. Alle Mitarbeiter sind Teil einer Prozesskette, an deren Ende hoffentlich ein zufriedener externer Kunde steht. Serviceabteilungen dürfen keinen Macht-willen entwickeln. Die zentralen Einheiten haben den dezent-ralen zu dienen, nicht umgekehrt. Das gilt für *alle* Abteilungen, auch für jene, die vordergründig gar nichts mit Kunden zu tun haben. Zum Beispiel für die Personalarbeit. Oder die Compli-ance-Abteilung: Auch sie muss Richtlinien intelligent interpre-tieren, und der Maßstab muss der Kunde sein. Sie haben richtig gelesen: der externe Kunde. Compliance ist dann gut, wenn sie substanziell der Kundenzentrierung dient, nicht einem vorga-bengefluteten Binnenformalismus. Sie können ausprobieren, ob Sie allenfalls von »Kunden 1. Ordnung« und »Kunden 2. Ord-nung« sprechen. Aber im Konfliktfall hat der externe Kunde immer Priorität.

29.

Was würde Bob Dylan tun? Sie mögen Teslas Elon Musk skeptisch gegenüberstehen. Aber er nimmt die Kundenzentrierung beinahe kurios ernst. In einer Rede vor der Abschlussklasse der USC Marshall School of Business nuschelte er ins Mikrophon, er frage sich vor jeder Entscheidung, ob sie »really really« dem Kunden dient. Diese Rigorosität muss Sie nicht verpflichten, aber sie kann blicklenkend sein. Deshalb sollten Sie bei Entscheidungen zunächst etwas *nicht* tun: Orientieren Sie sich nicht am »Best Practice« anderer Unternehmen! Das ist der sichere Weg, auf den hinteren Plätzen zu landen. Champion können Sie »wirklich wirklich« werden, wenn Sie konsequent vom Kunden her denken. Das ist der Lackmus-Test bei Entscheidungen: Welche Alternative ist besser für den Kunden?

Spezialisten lösen Aufgaben, Führungskräfte lenken Energien. Als Führungskraft wissen Sie, dass Entscheidungen im Unternehmen nicht nur eine lineare Zielrichtung haben (»wofür entschieden wurde«), sondern auch einen symbolischen Überhang: Wohin wird die Energie gelenkt? Auf was richtet sich die Aufmerksamkeit? Mein Vorschlag: Denken Sie bei Entscheidungen darüber nach, ob die Konsequenzen vom Kunden als Vorteil oder als Nachteil erlebt werden. Prüfen Sie bei Entscheidungen, ob diese die Kundenbeziehung belasten oder fördern. Achten Sie auch bei Entscheidungen, die nicht unmittelbar mit dem Kunden zu tun haben, auf die Spät- und Nebenwirkungen auf der Kundenseite. Lassen Sie nicht zu, dass sich Ihr Unternehmen allmählich von den Kunden entfernt.

Unter Musikern gibt es einen *running gag*, wenn sie bei der Studioarbeit nicht weiterkommen: Was würde Bob Dylan tun? Im Unternehmen sollten Sie fragen: Was würde der Kunde tun?

30.

Three Horizon Methodology. Keine Organisationsform ist gut für alle Unternehmensgrößen und alle Marktbedingungen. Bestimmt werden Sie mir beipflichten, dass »One size fits all« Gift ist für Strukturen, die nah beim Kunden sind. Wenn der Kunde das logische Zentrum des Organisierens ist, sollten Sie daher Alternativen zur Linienorganisation prüfen.

Die Projektorganisation ist so eine. Projekte hat es natürlich schon immer gegeben, doch waren sie unter dem Vorrang der Linie eher die Ausnahme. Außerdem funktionierten sie selten wirklich gut. Zu Projektleitern wurden oft Mitarbeiter ernannt, für die man gerade keine andere Verwendung hatte. Und die Spezialisten waren grundsätzlich unabkömmlich. Die Haufe-Gruppe hat sich für einen anderen Weg entschieden. Sie hat sich vom Fachverlag zum Dienstleister entwickelt, von der Produkt- zur Kundenzentrierung, und schließlich von der Linien- zur Projektorganisation. Außergewöhnlich ist, dass die Projekte intern offen ausgeschrieben werden und die Mitarbeiter wählen, an welchen sie arbeiten wollen. Die Geschäftsführung gibt für den Prozess innerhalb des Projektes lediglich einen äußeren Rahmen vor.

Blaupause dafür ist die sogenannte »Three Horizon Methodology«. Die wurde zwar schon in den späten 90ern entwickelt, bekam aber Aufwind erst in den letzten Jahren im Silicon Valley. Es sind die Zeit-Horizonte, die den Projekten den Namen geben. Bei Horizon-1-Projekten geht es um das Kerngeschäft. Hier strebt man nach funktionaler Exzellenz; es geht um Notwendigkeiten, die sich auf die gegenwärtige Wettbewerbsposition beziehen. Die Freiräume sind eng, es darf gleichsam »nichts anbrennen«. Horizon-2-Projekte verlassen das »Hier und Jetzt«. In diesen Projektteams geht es um zukünftige, aber realistische Geschäftsmodellinnovation. Mitarbeiter haben hier mehr

Freiräume. Oft zeigen sich in den H-1-Projekten sogenannte »schwache Signale« des zukünftigen Erweiterns oder Veränderns, die auf ein mögliches neues H-2-Projekt verweisen.

In Horizon-3-Projekten schließlich folgt man Ideen, die zwar grundsätzlich vorstellbar sind, deren Realisierbarkeit aber noch vage ist. Das sind Projekte, die Start-ups ähneln, bei denen die Regel der Regelbruch ist. Das meiste davon führt nirgendwohin. Entsprechend belastet ist die Frustrationstoleranz der Mitarbeiter. Allerdings bilden die H-3-Projekte die organisatorische Möglichkeit für das vielleicht bahnbrechend Neue. Sie entwickeln sich oft aus H-2-Projekten, werden dort aber wegen ihres spekulativen Charakters nicht weiter verfolgt. Meine Anregung: Probieren Sie diese Methode aus. Vor allem wenn Sie der Auffassung sind, dass Ihre Zukunft anders aussehen wird als Ihre Herkunft.

31.

<u>Fünf Minuten an die Sonne.</u> Ich halte die Personalarbeit für eine der wichtigsten Aufgaben des Managements. Ihr steht eine große Zukunft bevor: Sie wird zum wichtigsten Treiber der Transformation in der digitalen Welt. Sollte Sie diese Aussage wundern: Technologische Vorsprünge werden schnell kopiert, menschliche und organisatorische nicht.

Aber die Personalarbeit hat sich in den letzten Jahrzehnten zu stark ausdifferenziert. Seit Jahrzehnten träumt sie davon, »Strategiepartner« des Top-Managements zu sein. Sie will Macht und Einfluss, sie will mitbestimmen, sie will nicht länger dienen. Personalarbeit pflegt heute einen Werkzeugkasten von Instrumenten, den sie dem Unternehmen aufzwingt. In guter Absicht selbstredend. Wobei sie von der Lösung her denkt – manchmal in Unkenntnis des Problems. Vielleicht gibt es dieses Problem gar nicht mehr – aber immer noch die Lösung. Diese Tendenz verstärkt sich, wenn Personalarbeit als Profitcenter organisiert ist. Dann fragt sie nicht: Was brauchen die anderen? Das weiß sie schon vorher: Genau das brauchen die! Ob die wollen oder nicht! Deshalb zwingt sie. Ihre Gestaltgeste ist das allseits wuchernde »Ich weiß, was für euch gut ist!«. Das kennt man: Wer nicht dienen kann, der versucht zu beherrschen. Wer aber zwingt, weiß, dass er nicht dient. Die Konsequenz: Personalarbeit wird selten geliebt. Weil sie Probleme nicht löst, sondern Probleme macht. Zudem ist sie blind für die Transaktionskosten – für das bürokratische Anschwellen, das nur deshalb hingenommen wird, weil es dafür keine Kostenstelle gibt.

Zu den wenigen, die ihr noch die Stange halten, zählen Betriebsräte. Die blockieren mit ihrer Mischung aus Gutmeinen und Selbstinteresse jede Zukunft. Ihr Weltbild aus dem 19. Jahrhundert verhindert vielfach die Abschaffung dessen, was nur vorgeblich mitarbeiterfreundlich, in Wirklichkeit aber übergriffig und bevormundend ist. Betriebsräte tun oft so, als wenn wir alle noch zwölf Stunden täglich im schwarzen Stollen hocken und mal für fünf Minuten an die Sonne wollen.

Beiden Institutionen möchte man zurufen: Wacht auf! Modernisiert euch, wenn ihr nicht bloß lästig sein wollt. Dient euch nicht selbst, sondern euren Kunden draußen. Dann erst dient ihr auch euch selbst.

Was aber heißt Kundenzentrierung in der Personalarbeit konkret? Geschäfts-Partner sein. Von der Linie her denken, vom Leistungsempfänger her, nicht von der Stablogik. Nicht den heiligen Gral der Personalarbeit hüten. Die Haltung wechseln: »Was braucht ihr, um beim Kunden erfolgreich zu sein?« Natürlich darf man werben für die eigene Dienstleistung. Aber Dienst-Leistung will dienen, nicht herrschen. Personalarbeit ist Service, sie darf keine Machtansprüche entwickeln. Deshalb darf sie vor allem eines nicht: zwingen. Sie darf – außer in Bereichen, wo der Gesetzgeber es verlangt – die Instrumente nicht oktroyieren. Sie kann wieder lernen, selbstbewusst zu dienen.

32.

Please the Boss. An wen denkt Ihr Mitarbeiter, wenn er beim Kunden ist – an den Menschen, der da gerade vor ihm sitzt? Oder an seinen Boss, an Sie?

Die Frage zielt auf die innere Verfasstheit Ihres Unternehmens, auf die Führungsinstrumente zum Beispiel. Nehmen wir die Leistungsbeurteilungen. Gehen Ihnen die auf die Nerven? Empfinden Sie die auch als perverses Ritual, das eigentlich niemand will (außer die HR-Abteilung)? Und doch gibt es Leistungsbeurteilungen und Feedbackrunden in nahezu jedem größeren Unternehmen. Sie materialisieren sich im Bonus, in einer Prämie oder einer Beförderung. Diese Praxis kann man aus unterschiedlichen Gründen ebenso rechtfertigen wie kritisieren. Aus der hier vertretenen Perspektive wiegt ein Aspekt schwer: Leistungsbeurteilungen und Feedbackrunden weisen nach innen, zum Chef, zur Organisation. »Please the boss!« ist ihre Mahnung. Entsprechend sitzen die Mitarbeiter in den Funktionssilos und schauen, ob da oben einer zuckt; und wenn da einer zuckt, dann kann man ja schon mal prophylaktisch vorzucken.

Im Laufe der Jahre sind mir zunehmend Zweifel gekommen, ob Leistungsbeurteilungen die Firmen tatsächlich nach vorne bringen. Erreichen Sie durch das jährliche Joch des Beurteilungsrituals wirklich das, was in Ihrem Interesse liegt? Nämlich einen selbstverantwortlichen, selbstmotivierten, unternehmerisch denkenden Leistungspartner, der »draußen« bei Kunden einen Unterschied macht? Ist die Anpassungsbereitschaft, ja Unterwerfungsbereitschaft ehemals hochmotivierter und eigensinniger Menschen, das bisweilen graue, mutlose Ja-Sagertum nicht eine Wirkung dieses pausenlos funktionierenden Besiegungsapparats? Mein Argument gilt insbesondere für das sogenannte 360-Grad-Feedback. Es ist geradezu das Paradebeispiel dafür, wie ein Unternehmen sich mit sich selbst beschäftigt. Insofern ist es rettungslos vormodern.

Was Sie brauchen, ist »Please the Customer«. Sie müssen nach draußen schauen, dorthin, wo das Geschäft gemacht wird, dort müssen Sie einen Krieg gewinnen. Dafür müssen Sie alles geben. Und nicht dafür sorgen, dass sich intern niemand angepinkelt fühlt. Leistungsbeurteilungen schwächen Sie in Ihrer Entschiedenheit für Markt und Kunden. Mein Appell an Sie: Schaffen Sie sie ab!

Bevor Sie aber mit Tomaten nach mir werfen, will ich einschränken. Wir müssen unterscheiden zwischen 1) einer aufgenötigten, standardisierten, ritualisierten und jährlichen Leistungsbeurteilung und 2) einem situativ gewollten Feedback. Um ein situatives Feedback kommen Sie nicht herum. Sie müssen Ihrem Mitarbeiter sagen können, wie Sie seine Aufgabenerfüllung bewerten. Und ein Mitarbeiter hat ein Recht zu erfahren, wie seine Sozialchancen stehen. Doch darf weder Lob noch Kritik die institutionelle Form einer generalisierten Dauerbewertung annehmen. Viel wichtiger ist ein kontinuierlicher Dialog. Ein Dialog im Wortsinne: ergebnisoffen. In diesem Dialog muss es darum gehen, gemeinsame Ansprüche an Qualität zu entwickeln. Wenn ein Feedback dafür gut ist, sei's drum. Aber selbst dann, es wird einfach leicht vergessen: Das einzige Feedback, was zählt, ist das Kaufverhalten des Kunden.

33.

Logik des Besonderen. Die Digitalisierung ermöglicht Personalisierung in bisher unbekannten Dimensionen. Kaum ein Produkt oder eine Dienstleistung, die nicht spezifisch an die Wünsche und Bedürfnisse des einzelnen Kunden angepasst werden kann. Unternehmen folgen damit historisch erstmals einer Logik des Besonderen, werden zu Generatoren des Singulären. Nehmen wir als Beispiel das »data tracking« von Suchmaschinen, so laufen im *Hintergrund* die technologischen Standards anonymer Algorithmen, effizient und skalierbar. Das tun sie, um einen einzigartigen *Vordergrund* zu gestalten: den Kunden in seinen spezifischen Präferenzen zu adressieren. Nach Jahrzehnten der Standardproduktion nun die Rückkehr zum Unikat. Sollte uns das nicht auch für die Führungsarbeit zu denken geben? Sollte es neben der Kundenzentrierung nicht auch Mitarbeiterzentrierung geben?

Lauschen wir exemplarisch der Rede vom »Führungsstil«. Das kann ein verordneter Führungsstil sein, den unternehmenskulturelle Platzanweiser für wünschenswert halten. Das kann auch Selbstgestricktes sein nach dem Motto »Führe so, wie du selbst geführt werden willst!«. Beide Konzepte behandeln alle Mitarbeiter unterschiedslos auf dieselbe Weise. Das liegt auf der Linie von Begriffen wie »Personal«, »Belegschaft«, ja selbst »Mitarbeiterschaft«, die von einer homogenen Masse ausgehen. Die eben auch als Masse zu behandeln ist.

Es liegt auf der Hand, dass solches Denken dem Einzelnen nicht gerecht wird. So wie jeder Mensch unterschiedlich ist, so sind auch Ihre Mitarbeiter unterschiedlich. Wenn Sie Hand, Hirn und Herz des Mitarbeiters für das Gemeinsame nutzen wollen, wenn Sie also wollen, dass jeder Mitarbeiter sich in seinem individuellen Eigenwert anerkannt fühlt, dann müssen Sie sich als Führungskraft auf ihn einstellen. Dann dürfen Sie sich nicht primär an Ihren eigenen Präferenzen orientieren, sondern an denen Ihres Mitarbeiters. Das ist nicht immer leicht, Sie sind kein Chamäleon. Aber Sie können ihn doch in seiner »Besonderheit« ehren, indem Sie mit ihm in eine dialogische Beziehung treten. Sonst findet das Besondere des Mitarbeiters nach Feierabend statt.

Mein Vorschlag: Vergessen Sie den Führungsstil. Hören Sie auf, sich selbst zum Maßstab zu nehmen. Anerkennen Sie den Eigenwert Ihres Mitarbeiters. Fragen Sie, was der andere braucht. »Was kann ich tun, um zu Ihrem Erfolg beizutragen?« Manch einer braucht viel Kontakt, ein anderer weniger. Der eine will Abwechslung, der andere Routine. Jener wünscht oft Rückmeldung, der andere eher nicht. Gehen Sie ein auf sein »So-möchte-ich-behandelt-werden«. Und wenn Ihnen eine konfliktfreie Zusammenarbeit wichtig ist: Bestätigen Sie sein »bestes Selbst«, sonst kämpft er um seinen Eigenwert. Heimlich oder offen. Er diskutiert dann nicht mehr einen Sachgegenstand, sondern sich. Entsprechend länger dehnt sich das nächste Meeting. Gewinnen Sie sein Herz. Binden Sie ihn emotional an sich. Verkaufen Sie ihm Ihre Führungs-Dienstleistung nicht als Standardprodukt. Das, was die schöne Seite der Digitalisierung ist, das Individuelle, das Persönliche, das sollten Sie Ihren Mitarbeitern nicht vorenthalten. Schon allein, damit sie sich entsprechend nach außen wenden: Wertvoll ist, was einzigartig ist. Wenn Mitarbeiter interne Situationen als prägend definieren, sind sie auch in ihren kundenzentrierten Konsequenzen prägend. Nur was innen funkelt, kann außen leuchten.

34.

Kunde vor Ordnung. »Entscheide selbst!« Diesem Prinzip hat sich die Handelskette Whole Foods (2017 von Amazon übernommen) verschrieben. Sie ist in allen Umsatzdaten und Bewertungen ungeschlagen. Sogar eine Fast-Food-Kette (Pal's Sudden Service) lebt nach diesem Prinzip; sie kommt bei 3600 Bestellungen auf nur einen Fehler – bei einem Branchendurchschnitt von 15 Fehlern. Dass solche Werte nicht ohne intensive Schulung (»Beurteile es selbst!«) zustande kommen, liegt auf der Hand.

Den Hintergrund dieser Erfolge bildet der Zielkonflikt aller Organisationen: »Freiheit versus Ordnung«. Zwei Seiten einer Medaille. In analoger Zeit wurde dieser Konflikt sehr weit in Richtung Ordnung entschieden. Dafür gab es gute Gründe, die zumeist dem Effizienz- und Kontrollparadigma geschuldet sind. Heute aber wiegen die Nebenwirkungen schwer: Das Unternehmen wird unflexibel. Zum Beispiel mit Blick auf den Kunden: Ist diese Regel aus seiner Sicht die richtige Entscheidung?

Eine perfektionsgetriebene Verwaltung ist nicht per se schlecht. Prozesse standardisieren, Kosten senken, Komplexität reduzieren – das ist alles richtig und wichtig. Aber unterscheiden Sie: Je weiter weg Sie das vom Kunden machen, desto richtiger ist das; je näher am Kunden, desto problematischer. Das bedeutet für Sie, ungeregelte Zustände dort zu akzeptieren, wo es nicht absolut zwingend zu verregeln ist. Nicht jeden hypothetisch möglichen Eventualfall sollten Sie bis ins letzte Detail vornormen. Wenn sich Mitarbeiter laufend rückversichern müssen, statt rasch zu entscheiden, dann sind sie vor Ort geschwächt. Dann ist zu viel Energie in der Zentrale gebunden. Das gilt vor allem in digitalen Zeiten, die das Besondere, das Einzigartige, das Singuläre prämieren. Der Kunde will in seiner Persönlichkeit, in seinen individuellen Vorlieben und Verwirklichungsbemühungen ernst genommen werden. Wer das Unternehmen als Generalisierungsmaschine denkt, ist nicht mehr wettbewerbsfähig.

Mein Plädoyer: Vorrang des Kunden vor der Ordnung! Räumen Sie Ihren Mitarbeitern beim Kunden sehr weitgehend Entscheidungsfreiheit ein. Stärken Sie seine Autonomie im Kundenkontakt. Vertrauen Sie ihm. In den Augen der Kunden arbeitet er nicht für Ihr Unternehmen, sondern *ist* das Unternehmen. Reduzieren Sie Ihr Kundendiensthandbuch und Ihre Verkaufsmanuale auf das Allernötigste. Die Mitarbeiter sollen selbst entscheiden, wie sie gewisse Situationen handhaben. Was sich darin äußert, dass sie nicht erst um Erlaubnis fragen müssen, sondern – im vernünftigen Rahmen – auf eigene Weise mit dem Kundenproblem umgehen. Unterstützen Sie Ihre Mitarbeiter auch bei unorthodoxen Entscheidungen zugunsten der Kunden.

Ich will keinen Hehl aus der Schwierigkeit machen, die Sie damit im Einzelfall haben. Aber betrachten wir einen der berühmten »moments that matter« – eine bestimmte Entscheidungssituation, an der das neue, wünschenswerte Verhalten konkret und glaubwürdig wird. Nehmen wir an, einer Ihrer Mitarbeiter besucht spätabends einen Kunden. Um dessen Problem zu lösen, muss der Mitarbeiter ihm eine Zusicherung geben, die allerdings Geld kostet. Es ist in Ihrem Interesse, dass dieser Mitarbeiter das Richtige für den Kunden tut. Er darf nicht mit einer Standpauke rechnen müssen, selbst wenn die Zusicherung, die er dem Kunden gegeben hat, sonst nicht üblich ist. Wenn sie dem Kunden in diesem speziellen Fall geholfen hat, dann hat der Mitarbeiter auch richtig gehandelt. Dann ist Ihr Unternehmen insgesamt im Plus. Mercedes-Formel-1-Teamchef Toto Wolff: »Viele Manager glauben, dass sie sich bedingungslos durchsetzen müssen. Das ist falsch. Wir werden ausschließlich am Erfolg der Mannschaft gemessen. Nicht daran, wie wir ihn erzielt haben. Mein eigenes Ego muss ich dabei als Erstes hinten anstellen.«

Bei aller Sympathie für unorthodoxe Lösungen – kundenzentriertes Handeln darf nicht permanenten Regelbruch bedeuten. Wenn Sie flexibles Handeln mit Blick auf individuelle Kundenbedürfnisse wollen, dann müssen Sie grundsätzlicher werden: die interne Verregelung zurückfahren. Es reicht nicht, einfach nur plakativ »Regulationsabbau« zu fordern. Sie müssen sich hinsetzen und zusammen mit den Mitarbeitern konkret werden: Welche Richtlinie nehmen wir weg? Welche Vorschrift stampfen wir ein? Sie werden sehen: Die Reaktion ist immer dieselbe, wenn es konkret wird: »Oh nein, genau diese Regel ist unverzichtbar!« – »Aber das haben wir doch gerade erst eingeführt!« Bleiben Sie beharrlich und lassen Sie Entrümpelungsaktionen nicht »versanden«. Raus aus dem Standard, der Enge, der Alternativlosigkeit! Öffnen Sie Ihr Unternehmen für das »Entscheide selbst!«.

35.

<u>Netzer 1973.</u> Für viele immer noch das Jahrhundertspiel, zugleich eine dramatische Führungssituation: Pokalendspiel 1973 zwischen Borussia Mönchengladbach und dem 1. FC Köln. Günter Netzer sitzt auf der Bank nach monatelangen Querelen mit seinem Trainer/Vorgesetzten Hennes Weisweiler. Beim Stand von 1:1 wird Netzer von seinem Chef angewiesen, auf den Platz zu gehen. Der weigert sich. Einige Minuten später wechselt er sich selbst ein. Weisweiler schaut weg, lässt es geschehen. Netzer stürmt nach vorne, die blonde Mähne wie eine Fahne hinter ihm her, erster Ballkontakt, Schuss, er trifft den Ball nicht richtig, dennoch: Tor. Pokalsieg. Ein Modell fürs Management?

In dieser Frage bündelt sich einiges, was in den Unternehmen diskutiert wird. Die Märkte sind unruhiger als je zuvor. Der Einzelne kann die Komplexität kaum mehr bewältigen, muss sich auf andere stützen. Können Sie als Chef noch den Durchblick haben? Oder reicht der Überblick? Ist es überhaupt möglich, die Komplexität »im Griff« zu haben?

Diese Fragen haben Konsequenzen für die innere Verfasstheit von Organisationen. Ein hoher Vertrauensspegel ist wichtig, wenn auch begrenzt auf bestimmte Gegenstände und Themen. Viele Regeln sollten daher eher den Charakter von Richtlinien haben, die begründete Ausnahmen zulassen. Es gibt Situationen, in denen Sie sie brechen müssen. Es geht gar nicht anders: Man muss in Organisationen auch von Regeln abweichen können. Eine Organisation wäre völlig paralysiert, wenn es keine Interpretationsspielräume gäbe. Es gilt, Regeln »intelligent« zu handhaben. Eine Organisation, die sich strikt an das Regelwerk hielte, könnte am Markt nicht überleben. Es ist kein Zufall, dass der »Dienst nach Vorschrift« mit einem Streik gleichzusetzen ist.

Klar ist heute: Personaleinsatz ist keine Top-down-Entscheidung mehr; der Mitarbeiter muss selbst initiativ werden, sich selbst »einwechseln«. Insofern waren Netzer/Weisweiler ihrer Zeit voraus. Das moderne Unternehmen darf und muss darauf vertrauen, dass die Mitarbeiter mit Regeln vernünftig umgehen, sie klug interpretieren (früher hätte man für »shades of grey« votiert). Der profitorientierte Kundennutzen ist dabei die Richtlinie. Allerdings: Den Raum der Selbsterhaltungsvernunft dürfen Sie nicht verlassen. Mit einer 10-Prozent-Unschärfe müssen Sie leben, wenn Sie nicht starr und unflexibel werden wollen. Es ist besser, vereinzelte Mitarbeiter zurückzupfeifen, als alle Mitarbeiter in Sippenhaft zu nehmen und mit einem Regelungsnetz zu überziehen. Das macht das Unternehmen nur langsam und unflexibel. Je mehr Regeln es gibt, desto mehr nötigt man die Menschen, Regeln zu übertreten. Das kennen Sie als sich selbst erfüllende Prophezeiung.

Regelverstöße sind also nicht per se tabu. Organisationen können dadurch auch flexibler werden, etwa durch lokale Anpassungen oder durch situationsbedingte Neuerungen. Als Führungskraft sind Sie gut beraten, nicht stumpfsinnig auf die Einhaltung von Regeln zu pochen. Es geht darum, eine kluge Balance zwischen Formalität und Informalität zu finden. Für das souveräne Umgehen mit Unschärfe brauchen Sie *Urteilskraft* und *Mut*. Urteilskraft für das Spezielle der Situation. Mut zum Handeln in Unsicherheit. Netzer wusste: Sezession, Regelübertretung, Musterbruch, Abnabelung vom Chef – das war schon immer die Bedingung des Erfolges. Weisweiler wusste: Führung sollte nur dann eingreifen, wenn sie es mit Blick auf die Überlebensfähigkeit des Unternehmens nicht lassen kann.

Das sollten Sie für Ihre Praxis mitnehmen: 1. Möglichst wenig Regeln. 2. Bestehende Regeln prüfen, die meisten abschaffen, die unerlässlichen behalten. 3. Von Regeln abweichen dürfen. Denken Sie an den Maria-Theresien-Orden, der bis 1918 in Österreich verliehen wurde: Er würdigte Erfolg, gerade wenn jemand über die eigenen Kompetenzgrenzen hinausging.

36.

Beziehungsfähigkeit. Ich erinnere ein Auswahlverfahren für Außendienstmitarbeiter. Wir diskutierten heftig über das Anforderungsprofil. Nach langem Hin und Her schlug ich vor, dass die erfolgskritische Situation der *Erstkontakt* sei, das »Ankommen« bei anderen, das ins Gespräch finden. Alles Weitere baue darauf auf. Wir wählten daraufhin fünf Menschen aus dem eigenen Unternehmen aus, von der Köchin bis zum Verkaufsleiter. Die Bewerber führten mit jedem dieser Interviewer ein 40-minütiges Gespräch, ohne dass ein Leitfaden oder Beobachtungskriterien vorgegeben wurden. Auch der Gesprächsgegenstand war offen, man konnte auch über Rock 'n' Roll reden. Die Interviewer sollten nur Ja oder Nein sagen. Wir haben auf diese Weise zehn Außendienstmitarbeiter eingestellt. Bis auf einen, der noch in der Probezeit das Unternehmen verließ, wurden alle ausgesprochen erfolgreich.

Ein Rezept für die Personalauswahl in digitalen Zeiten: Wenn Digitalisierung radikale Kundenzentrierung heißt, dann ist es nicht nötig, die besten Bewerber einzustellen. Stellen Sie vielmehr jene Bewerber ein, die bei Ihren Kunden am besten ankommen. Die Gespräche flechten können. Die gut zuhören können. Die wirklich aufmerksam sind. Fokussieren Sie auf das wichtigste Talent für Kundenkontakt – Beziehungsfähigkeit. Stellen Sie Menschen mit einem gewinnenden Wesen ein. Die die Herzen erreichen und nicht nur die Köpfe. Und setzen Sie Mitarbeiter anders ein, die das nicht können. Sehr gute Erfahrungen habe ich mit Bewerbern gemacht, die entweder von Kunden oder von Mitarbeitern des auswählenden Unternehmens vorgeschlagen wurden. Und wenn Sie einen Techniker einstellen, dann achten Sie darauf, dass dieser über Schnittstellen-Erfahrung zum wirklichen Geschäftsleben und zum realen Kunden verfügt. Digital Nerds leben oft in bizarren Parallelwelten.

37.

Kollegen zu Kunden. Rituale: Manchmal werden Sie sie dämlich finden, zu formal; aber sie sind unvermeidlich. Und sie sind rationaler, als sie scheinen. Sie machen das Leben leichter, weil man sich nicht immer neu entscheiden muss, weil sie Abläufe strukturieren, Halt geben, sich in ihrer Gesamtheit zur »Kultur« verdichten. Natürlich ist es chic, sie zu belächeln – wie immer, wenn zwischen Quelle und Sinngebung eine Kluft entsteht. Aber es hilft nichts, wir kommen nicht ohne sie aus.

Ich will Ihnen ein Ritual empfehlen, das ich in die Arbeit des Executive Committees eines Personaldienstleisters eingeführt habe. Ich habe vor jedem Meeting abwechselnd einen Kollegen gebeten, die Rolle des Kunden einzunehmen. Er sollte die Perspektive »von außen« vertreten, beharrlich nachfragen, was er als Kunde davon habe, dass dies oder jenes vom Unternehmen beschlossen wurde. Er sollte den Advokaten des Kunden spielen. Am Anfang war das ungewohnt. Aber bald wurde es allseits als hilfreich empfunden. Es disziplinierte, rief zur Ordnung, trennte Wichtiges vom Unwichtigen. Das Überraschende dabei: Das Ritual verlor bald seinen Spielcharakter. Die Kundenperspektive sickerte allmählich als Normalität in das kollektive Bewusstsein der Manager ein. Das Ritual bekam geradezu eine präventive Kraft. Das führte dazu, dass bestimmte Themen als unerheblich, weil kundenabgewandt, gar nicht erst auf den Tisch kamen. Mein Rat: Lächeln Sie nicht über Rituale; sie erleichtern vieles. Probieren Sie den »Advokaten des Kunden« aus. Bei *jedem* Meeting. Machen Sie den Anfang. Kein Meeting ohne Kundenrepräsentanz!

38.

Kunden vor Ziele. Ich gebe es zu: Ich habe das Führen mit
Zielen nie richtig verstanden. Ich konnte nicht einsehen, wieso
man mit Zielen aus dem Wollen der Menschen ein Sollen
macht. Dabei ist das Wollen der einzig belastbare Antrieb. Und
die Frage nach dem »Wofür?« für die Motivation so unendlich
wichtig.

Erlauben Sie mir, das Problem dahinter kurz zu wiederholen: Anfänglich sind Unternehmen dafür da, die Probleme der
Kunden zu lösen. Dann wird das Unternehmen erfolgreich. Es
hat jetzt ein Set von Lösungen; die Kundenprobleme geraten in
Vergessenheit. Die Firma sucht folglich einen Ersatz für Probleme – und findet ihn in »Zielen«. Man orientiert sich zunehmend an innen definierten Finanzkriterien, nicht mehr an der
Wirklichkeit draußen am Markt. Der einzelne Mitarbeiter richtet sein Handeln nicht mehr danach aus, was der Kunde braucht,
sondern was das Zielsystem ihm vorschreibt. Wie viele Präsen-
tationen habe ich erlebt, in denen der Kunde nur funktional als
Mittel zum Zweck, als Marginalie hinter endlosen Zahlenwüs-
ten vorkam! Nicht aber als Mensch, zu dessen Lebensqualität
das Unternehmen mit seinem Produkt oder seiner Dienstleistung beitragen wollte.

Für unser Thema ist aber das der größte Nachteil des Füh-
rens mit Zielen: die *strukturelle Kundenfeindlichkeit.* Auf der
Verbalebene will man die Lebensqualität des Kunden steigern.
Und dann wird der Mitarbeiter mit dem Ziel ins Feld geschickt,
soundso viel Stückzahlen von Produkt X zu verkaufen. Was
macht der Mitarbeiter? Denkt der an den Kunden? Nein, er
denkt an seine Zielerreichung. Weil daran sein Einkommen
hängt. Fakt ist also: Kundenzentrierung ist nur vorgeschoben.
In Wahrheit sind die Kunden nur Mittel zum Zweck der Unter-
nehmenswertsteigerung. Damit ist das Verhältnis von Zweck

und Mittel auf den Kopf gestellt. Nicht die Lippenbekenntnisse, sondern die Sprache der Institutionen zählt. Daran orientieren sich die Menschen.

Mich würde es wundern, wenn dem einen oder anderen von Ihnen diese Worte nicht missfielen. Das schmälert nicht meine Entschiedenheit: Schaffen Sie das Führen mit Zielen ab! Es ist kundenfeindlich.

DIE WIEDEREINFÜHRUNG DER KOOPERATION INS UNTERNEHMEN

1.

Entschieden für Kooperation. Warum gibt es Unternehmen? Das fragen Sie sich wahrscheinlich nicht täglich. Die Antwort war aber schon immer wichtig und ist für das Führen in digitalen Zeiten noch höher zu bewerten: Weil es Aufgaben gibt, die man nur *zusammen* bewältigen kann. Unternehmen sind Arenen der Kooperation. Aber deshalb arbeiten die Menschen im Unternehmen nicht automatisch zusammen. Warum? Als Gattungswesen sind wir Selbstoptimierer. Unsere biologischen Wurzeln stützen seit jeher die Erfahrung, dass uns das Hemd näher ist als der Rock.

Wenn Kooperation der Kern des Unternehmens ist, dann geht es um die Qualität des Bewusstseins, mit der ein Mensch zur Arbeit geht. In dem Augenblick, in dem jemand Mitarbeiter eines Unternehmens wird, muss sich die Gesinnung grundlegend ändern: vom »Ich« zum »Wir«. Das wird den meisten Mitarbeitern nicht klar. Sie wollen sich und ihre Familie ernähren, »ihr Ding« machen, möglichst ungestört Aufgaben erledigen. Das ist gut und recht. Und doch sind sie in einem Kontext gelandet, in dem sie wechselseitig abhängig sind. In dem sie nur gemeinsam erfolgreich sind. Ehrlich jetzt: Haben Sie sich bewusst für eine Kooperationsarena entschieden? Oder sind Sie da irgendwie »hineingeraten«?

Die digitale Wirtschaft ist die Summe aller Zusammenhänge, nicht der Gegenstände. Es sind die Verbindungen, die zählen, die Anschlussfähigkeiten. Unter der Bedingung der Digitalisierung gilt es deshalb in besonderem Maße, sich vom Gegeneinander über das Miteinander zum Füreinander zu entwickeln. Ich will mithin gleich zu Anfang des zweiten Ks die *innere Einstellung* fokussieren – und nicht, wie ich es sonst bevorzuge, zunächst den organisatorischen Strukturwandel. Das gesamte Mindset muss sich ändern: Verbinden statt Trennen. Es braucht meiner

Erfahrung nach unbedingt ein entschiedenes »Ja!« zur Kooperation. Aus ganzem Herzen. Das ist das Commitment, nicht die eigenen Ego-Interessen durchzusetzen, sondern andere zu beteiligen, einzubeziehen, zu unterstützen. Den anderen mitgewinnen zu lassen. Wer in einer Kooperationsarena den anderen zum Verlierer macht, schwächt das Gesamtsystem. Und damit sich. Deshalb muss man Kompromisse machen, auf einen Teil der eigenen Interessen zugunsten des Gemeinsamen verzichten. Und nicht darüber klagen, dass etwas am selbstdefinierten Ideal fehlt, sondern dies als Spielregel anerkennen. Erlauben Sie mir eine moralphilosophische Definition: Gut ist, was verbindet und andere Verbindungen nicht trennt.

Was können Sie dafür tun? Zunächst selbst *entschieden sein*. Entschieden für Kooperation. Sich aktiv für Zusammenarbeit anbieten. Nicht darauf warten, dass der andere auf Sie zukommt. Das Gemeinsame betonen, nicht das Trennende. Nicht von Synergie reden und Game of Thrones inszenieren. Zweitens: Bei anderen das Bewusstsein für den Kooperationsvorrang wecken. Wir können nur gemeinsam gewinnen! Drittens: Dahin gehen, wo es weh tut. Das steht auf der nächsten Seite.

2.

Divendämmerung. Jedermann weiß: Das einzige Wesen, das Veränderung liebt, ist ein nasses Baby. Der Rest der Menschheit ist tendenziell veränderungsscheu. Manchmal gar reaktionär. Selbst wenn die Notwendigkeit verstärkter Kooperation in digitaler Zeit unabweisbar ist: Man hat alle zu Gegnern, die aus der Selbstoptimierung bisher ihre Vorteile zogen.

Also, das steht für Sie an: Reden, reden, reden. Sie müssen jedes Register ziehen, um skeptische Menschen von der Notwendigkeit intensivierter Kooperation zu überzeugen. Die Frage nach dem »Warum?« ist zu beantworten, auch die nach dem »Wohin?«. Lassen Sie es dabei nicht an Klarheit missen! Es ist Ihre vorrangige Aufgabe als Führungskraft, Aufmerksamkeit zu steuern, Blicke zu bahnen, Energien zu lenken. Immer wieder.

Aber Sie können nicht jede Botschaft in Watte packen. Sie können auch nicht jede Maßnahme totdiskutieren. Das dauert alles zu lange. Sie müssen schon Tacheles reden, zwar nicht überzeichnen, aber auch nicht schonungsvoll mildern.

Klar, werden Sie sagen, das mache ich schon. Irgendwann aber werden Sie, je nach Lage des Unternehmens, dahin gehen müssen, wo es nicht mehr lustig ist. Denn: Was ist wichtig im Unternehmen? Das, was Konsequenzen hat. Was ist unwichtig? Was keine Konsequenzen hat. Das gilt auch für die Kooperation. Ernst genommen wird sie erst, wenn eine Antwort gegeben wird auf die Frage: Und was, wenn nicht? Was passiert, wenn jemand nicht kooperiert? Welcher Preis ist dann fällig? Sollte es keine Instanz geben, die den Preis einklagt, brauchen Sie von Kooperation nicht ernsthaft zu sprechen. Zum Beispiel, wenn offene Nörgelei oder verdecktes Hintertreiben nicht konfrontiert wird. Wenn Egoisten unbehelligt bleiben. Wenn für Diven Sonderregeln gelten. Um es deutlich zu sagen: Sie müssen *Diven ausschließen* – manche Leute sind geradezu das personifizierte

Dementi von Kooperation. Sie müssen bereit sein, den Kooperationsvorrang durch den Ausschluss von Mitarbeitern durchzusetzen. Wenn Sie nicht mit der Beendigung des gemeinsamen Weges drohen können, wird Kooperation niemals wirklich ernst genommen. Sie wird auch – was noch zu zeigen sein wird – niemals den erhöhten Rang erhalten, der ihr unter digitalen Bedingungen zusteht.

Für diese Konsequenz brandet kein Applaus auf, dafür werden Sie vielleicht sogar verhauen. Aber das ist Ihr Job. Dafür werden Sie als Führungskraft bezahlt. Das Ausschließen müssen Sie selbstverständlich rechtlich einwandfrei machen, fair, angemessen gestalten. Aber Sie müssen es machen. »Ein Problem lösen« heißt manchmal: sich vom Problem lösen.

»Dann verliere ich meine besten Leute!«, höre ich Sie rufen, und Sie gehen in den Keller, um die Hausmarke Schwermut zu öffnen. Ja, ein Preis ist fällig. Was Sie vielleicht verlieren, sind die besten *Einzelspieler*. Ein Unternehmen ist jedoch um den Kooperationsvorrang herum gebaut. Es nützt Ihnen nichts, wenn ein Verteidiger im Fußball 95 Prozent seiner Zweikämpfe gewinnt, aber keine Viererkette spielen kann. Mit der Trennung stärken Sie langfristig das Unternehmen. Vergleichbar mit der Situation, wenn Sie sich von aktuell noch wertvollen Teilen Ihres Portfolios trennen, weil diese zu wenig Potenzial für die digitale Welt haben. Sie werden sehen: Kaum ist der Superstar gegangen, entwickeln sich diejenigen, die bisher in seinem Schatten standen.

Ich empfehle Ihnen also Konsequenz. Sind die Menschen, die die analoge Kultur geschaffen haben, auch die richtigen, diese zu ändern? Der Trennungsscheue hält fest aus Prinzip; er liebt alle Mitarbeiter wie die Kinderlose alle Kinder. Das mag sympathisch sein, schwächt aber die Kooperation. Es gehört zu den Paradoxien der Digitalisierung, dass Sie sich trennen müssen, um besser verbinden zu können.

3.

Hilfreiche Probleme. »Das Heil einer Gesamtheit von kollaborierenden Menschen ist umso größer, je weniger der einzelne die Erträgnisse seiner Leistungen für sich beansprucht, das heißt, je mehr er von diesen Erträgnissen an seine Mitarbeiter abgibt, und je mehr seine eigenen Bedürfnisse nicht aus seinen Leistungen, sondern aus den Leistungen der anderen befriedigt werden.« Rudolf Steiner hat das gesagt. Wenn Sie dem was abgewinnen können, schält sich Ihre Führungsaufgabe klar heraus: Es ist das Sicherstellen von Kooperation. Was leichter gesagt ist als getan.

Oben habe ich die innere Einstellung angesprochen; jetzt will ich die *strukturelle* Voraussetzung für Kooperation klären. Was hilft Ihnen, auf natürliche Weise mit anderen zu kooperieren? Die Wissenschaft sagt: ein gemeinsames *Problem*. Ein Problem, das Sie nur gemeinsam lösen können und für deren Lösung Sie den anderen »brauchen«. Das Gute daran: Wenn Sie gemeinsam mit anderen ein Problem haben, fallen Egoismus und Hilfe zusammen. Es nützt Ihnen, wenn Sie anderen helfen. Es geht Ihnen gut, wenn es anderen gut geht. Dann müssen Sie nicht »selbstlos« sein. Dann sind Sie auch bereit, mit Leuten zusammenzuarbeiten, die Sie, freundlich gesagt, nicht besonders mögen. Dadurch werden Sie zum *Fremdoptimierer*.

Mein Vorschlag für die Wiedereinführung der Kooperation ins Unternehmen liegt also auf der Hand: Finden Sie ein gemeinsames Problem, um das herum Sie Ihr Unternehmen bauen. Das gilt ebenso für Ihre Abteilung oder ein Teamprojekt. Erörtern Sie folgende Fragen:

- Welches gemeinsame Problem haben wir?
- Warum sollten wir kooperieren?
- Was berechtigt die Existenz dieser Einheit oder Abteilung?

Das gemeinsame Problem sollte einige spezielle Eigenschaften aufweisen. Es sollte 1) wichtig sein, idealerweise existenziell, und 2) selbsterklärend, d. h. nicht zu kompliziert. Finden Sie kein derartiges Problem, gibt es keinen Kooperationsgrund. Dann müssen Sie die Organisation überdenken. Wollen Sie es noch konkreter? Lösen Sie die Abteilung auf! Organisieren Sie Menschen um die Probleme herum, nicht die Probleme um die Menschen.

4.

Beispiel: iPhone. Steve Jobs, einer der lebendigsten Toten aller Zeiten. Er galt als schwieriger, aber kreativer Mensch, dessen Geniestreich das iPhone war. Er wachte indessen nicht eines Nachts mit einer Eingebung auf, setzte sich an den Schreibtisch, um dann einige Wochen später mit dem iPhone in der Hand ins Unternehmen zu stürmen. Nein, das iPhone entsprang nicht einmal einer Idee. Sondern einem *Problem*. Die gerichtliche Auseinandersetzung zwischen Samsung und Apple brachte Board-Unterlagen ans Licht, die im September 2012 in der Zeitschrift Slate veröffentlicht wurden. Danach stellte sich 2005 die Situation für Jobs so dar: Apple hatte sich mit dem iPod gerade vor der drohenden Insolvenz gerettet. Neues Unheil nahte: das Handy. Jedermann trug eines bei sich. Die Handyanbieter hatten einen Kundenwunsch erfolgreich erfüllt: Wie kann ich immer und überall telefonieren? Der iPod hatte einen anderen Kundenwunsch erfüllt: Wie kann ich immer und überall Musik hören? Wenn man nun beide Kundenwünsche zusammen erfüllte, war eine der beiden Lösungen überflüssig. Fänden also die Telefonhersteller heraus, wie ihr Handy auch Musik und Videos abspielen könnte, wäre es mit dem iPod vorbei. Sie mussten nur das Interface-Problem lösen. Wenn man das verhindern wolle, so warnte Jobs die Boardmitglieder, müsse Apple selbst ein solches Gerät bauen. Jobs war also »lediglich« derjenige, der ein Problem im Markt erkannte.

Als er das Go! des Boards bekam, zog sich Steve Jobs nicht als einsamer Erfinder mit Materialien und Spezialwerkzeugen zurück. Er hatte vielmehr Kollegen. Auf die Frage, was sein bestes Produkt wäre, antwortete Jobs: »The team I built at Apple.« Das waren Phil Schiller, Jony Ive, Peter Oppenheimer, Johnny Rubinstein, Tony Fadell, Tim Cook und andere. Zwei Jahre später präsentierte man der Welt das erste iPhone.

Kein Rezept diesmal, nur eine Verstärkung des zuvor Gesagten: Ein gemeinsames Problem befruchtet Zusammenarbeit. Grundvoraussetzung für Kooperation ist zudem eine Führungspersönlichkeit, die vorausschauend ein Gefühl für Dringlichkeit erzeugt, das andere Menschen ansteckt. Deshalb brauchen wir Führung. Andere Führung, bessere Führung. Nicht die leichenhafte Lebendigkeit organisatorischer Buchhalter. Jobs schuf selbst kein Meisterwerk, sondern er entfachte ein Feuer, aus dem ein Meisterwerk hervorging.

Tragisch nur, dass er, der wie kein Zweiter die Menschen weltweit verband, mit seiner eigenen Umwelt unverbunden blieb.

5.

<u>Urfraktal Kundenproblem.</u> Haben Sie ein Problem mit dem Problem? Viele empfinden das Wort als zu negativ. Sie hätten gerne einen freundlicheren Begriff, der zur Kooperation einlädt. Etwa das »Ziel«, die »Herausforderung« oder den »Sinn«. Die Unterschiede will ich hier nicht herausarbeiten. Das Wort »Problem« verliert jedoch sofort seinen negativen Klang, sobald man es mit dem Kunden verbindet. Natürlich ist es auch ein Problem, wenn der Umsatz bedroht ist oder die Kosten steigen. Das Aktuelle darf aber nicht das Wesentliche verdecken. Denn das *Kundenproblem* ist das Urfraktal des Unternehmens. Von daher nimmt alles seinen Ausgang. Sie müssen also nach dem Kundenproblem suchen. Alle Kooperation im Unternehmen muss ein Kundenproblem zur Grundlage haben. Eine Institution ohne ein Kundenproblem hat keine Existenzberechtigung.

Nun haben sich die vom Kunden präsentierten Probleme in den letzten Jahren gewandelt. Früher wurden tendenziell einzelne Leistungen verlangt, präzise beschrieben, geplant hergestellt, häufig unter Verwendung von Standardmethoden. Entsprechend verlief der Informationsfluss top-down, mit langen Wegen und Umsetzungszeiten. Heute sind mehrheitlich komplexe Problemlösungen gefragt, die sich zudem ständig an veränderte Rahmenbedingungen anpassen. Dabei entwickeln sich Zwischenziele prozessabhängig, sind häufig schwer definierbar. Oft will der Kunde die Lösung eines Problems, das er nicht einmal exakt benennen kann. Dann sind Ideen gefragt, also nicht messbare Leistungen. Und nicht selten sind Kooperationen mit unbekannten Partnern nötig. Tendenziell aber verläuft der Informationsfluss eher *horizontal*, mit kurzen Informationswegen und Umsetzungszeiten.

Wenn Sie nachhaltigen Erfolg wollen, dann ist das schon oben genannte Rezept um einen Punkt zu ergänzen: Das gemeinsame

Problem muss 1. wichtig, 2. selbsterklärend und 3. *kundendefiniert* sein. Um diese drei Kriterien bauen Sie Ihre Organisation. Vermeiden Sie silodefinierte Probleme, auch solche, die an »former glory« hängen. Das ist Ihre zentrale Frage: Welches aktuelle Kundenproblem können wir heute identifizieren und in unser digitales Leistungsportfolio übernehmen? Immer wieder neu! Das Kundenproblem ist das Urfraktal der Kooperation.

6.

Ende der Arbeitsteilung. »Wolken bilden sich und lösen sich auf, weil die Bedingungen in der Atmosphäre die Wassermoleküle dazu bringen, zu kondensieren oder zu verdampfen. Organisationen sollten auch nach diesem Schema funktionieren. Welche Strukturen sich bilden und verschwinden, muss von den Kräften bestimmt sein, die auf die Organisation einwirken. Wenn die Leute frei entscheiden dürfen, können sie diese Kräfte erkennen und so handeln, dass es der Realität angepasst ist.« So Chris Rufer, Gründer und CEO des amerikanischen Lebensmittelverarbeiters Morning Star. Seine Organisation wurde international zu einer sprudelnden Quelle der Inspiration.

Ein solches »Wolkenbild« prallt gegen die Erfolgsrezepte analoger Zeiten: Spezialisierung und stark arbeitsteilige Strukturen. Danach teilte der Manager die Arbeit in kleine Segmente, ließ sie von Spezialisten bearbeiten, um sie dann wieder zu verknüpfen. *Trennen* und *Zusammenführen,* das war Aufgabe der Führung. Mit zunehmender Größe einer Firma teilte man wieder, teilte ab und nannte das dann »Abteilung«. Die Mitarbeiter arbeiteten entsprechend 1) aufgabenspezifisch und 2) abteilungsspezifisch. Bald entwickelten die Abteilungen Sonderlogiken, die das große Ganze immer mehr aus dem Auge verloren. Unternehmen wurden *multirationale* Organisationen. Es gab in ihnen mehr als nur *eine* Vernunft. Die vielen Rationalitäten hatten häufig wenig gemeinsam, bisweilen lagen sie im heftigen Streit. Wenn Sie Mitarbeiter in einem Unternehmen ab einer gewissen Größe sind, werden Sie sich selbst manchmal fragen, ob Sie und Ihre Kollegen wirklich in derselben Firma arbeiten.

Genau so war es bei Sony, das mit Trinitron-Farbfernseher und Walkman unser Leben veränderte und heute bei Halbleitern und Bildsensoren wieder Technologieführer ist. Zwischendurch aber war die Firma nur noch ein Schatten ihrer selbst. Der

»Fall Sony« gilt in der Organisationsforschung als Paradebeispiel für mangelnde Kooperation zwischen den einzelnen Spar-
ten: Man begriff sich nicht als *ein* Unternehmen, sondern als
Kollektion konkurrierender Einzelbereiche. Das war bei Ikea
ähnlich, das erst mit seinem Programm »One Ikea« die Aus-
wüchse internen Wettbewerbs auf ein erträgliches Maß reduzierte.

Sie ahnen, auf welche Frage das hinausläuft: Ist die Trennung
in Funktionsbereiche noch zukunftsfähig? Es mag für sie vielfältige gute Gründe geben. Aber das sind vorrangig »interne«
Gründe, die der organisatorischen Klarheit dienen, der Kontrolle und der Effizienz. Braucht der Kunde nicht etwas anderes?
Wäre ihm mit mehr Flexibilität, mehr interdisziplinärer Kooperation besser geholfen? Würde er dafür bezahlen?

Skizzieren wir ein Unternehmen, in dem eine Geschäftsidee
nicht mehr von einer Abteilung zur anderen weitergereicht wird.
Die Wertschöpfungskette ist dann umgebaut. Sie ist eigentlich keine Kette mehr, sondern eine Spirale. Sie zirkelt kreis-
förmig um die Kundenpräferenz, zentriert sich immer enger
darum, entwickelt sich zwar vorwärts, aber zieht viele korrigie-
rende Schleifen ein. Mitarbeiter aus der Fertigung sind schon
in der Entwicklung eingebunden, der Schweißer kooperiert
eng mit dem Ingenieur. Der Unterschied zwischen einem Blau-
mann und einem Anzugträger erodiert. Produktdesign, Produktion, Service und Wartung organisieren sich ähnlich des
Scrum in IT-Projekten. Je nach Projekt und Phase sitzen der
ITler mit dem Vertriebler und dem Marketeer im selben Raum.
Oder der Einkäufer mit dem Logistiker. Erst danach diskutiert
man technische Fragen, die wiederum verschiedene Experten
zusammenbringen. Bei Medienunternehmen sitzen z. B. Con-
tent, Software-Entwicklung und Sales zusammen – Bereiche,
die nicht selten eine Kultur wechselseitiger Abneigung pflegten.
Im Verkauf braucht man dort eher ein Key-Account-System,

das mit medienübergreifenden Teams aus Digital-, Broadcast- und Printspezialisten arbeitet. Die Teams lernen die Kundenbedürfnisse kennen und können ein abgestimmtes Paket schnüren: Alles aus einer Hand. Wenn Sie der Meinung sind, eine Aufgabe wäre zu erledigen, pflegen Sie diese ins Social Intranet ein und suchen nach Mitstreitern. Finden Sie die, werden Sie Projektleiter – bis zu Erledigung dieser Aufgabe. Finden Sie die nicht, war die Aufgabe wohl nicht wichtig genug. Ihre Kollegen und Sie bilden gleichsam einen agilen Pool von freien Radikalen, die sich um ein Kundenproblem herum immer neu gruppieren. Und nach gelöstem Kundenproblem wieder auflösen – um sich sogleich neu zu formen.

Können Sie sich vorstellen, so zu arbeiten? Die Denk- und Handlungsrichtung ist in einem solchen Unternehmen deutlich weniger vertikal-hierarchisch, sondern horizontal-interdisziplinär. Natürlich gibt es Spezialfragen sui generis, die im Fachbereich diskutiert werden müssen. Aber das sollte eher die Ausnahme sein. Und wirklich überragende Expertise kann man sich auch mal von draußen holen. So wie die Digitalisierung es ohnehin fordert und ermöglicht, sich auf die *Kernleistung* zu konzentrieren. Für alles andere hat man Spezialisten, die kommen und gehen. Hierbei spielt Ihnen die technische Entwicklung in die Hände. Kaum eine Software benötigt heute noch einen Desktop-PC. Mittels hochleistungsfähiger Ultrabooks, Smartphones, Tablets, WLAN und Cloud-Anbindung sind die Mitarbeiter mobiler denn je. Sie können sich in kürzester Zeit koordinieren, Teams bilden und wieder auflösen.

Wenn Sie in diese Richtung gehen wollen: Sorgen Sie dafür, dass genügend viele Menschen *gleichzeitig* kooperieren, ihr Wissen vernetzen. Öffnen Sie die Silos. Lösen Sie Strukturen auf. Reißen Sie Mauern und Abteilungswände ein. Gruppieren Sie die Menschen um Kundenprobleme, formen Sie interdisziplinäre

Teams. Überwinden Sie auch das Kanaldenken – ein Kunde denkt nicht in Kanälen, auf seiner Reise sind alle Kontaktpunkte wichtig. Deshalb sollten Sie auch die Offline- und die Online-Mitarbeiter im selben Raum arbeiten lassen.

Noch ein kritisches Wort dazu: Silos sind die größte Hürde für die digitale Transformation. Nach wie vor. Sie aufzubrechen, davon reden zwar alle schon seit Jahren, aber es passiert wenig bis nichts. Das verhindert Kooperation rund um den Kundenvorrang. Es ist einfach nicht wahr, dass der Endkunde im Mittelpunkt steht, weder für Vertrieb, noch für Marketing, noch für Produktentwicklung. Ich kann Ihnen nur raten, hier sehr viel entschiedener zu sein. Begreifen Sie Ihr Unternehmen wieder als Einheit!

Brauchen Sie einen Tipp, um anzufangen? Es mag auf den ersten Blick eine Kleinigkeit sein, die Wirkung aber ist verblüffend: Wenn auf der Visitenkarte Ihrer Mitarbeiter keine Abteilungszugehörigkeit aufgeführt ist, ändert sich die Haltung. Der Blick geht ins Weite, die Mitarbeiter fühlen sich plötzlich für das Ganze verantwortlich, sie definieren sich als Teil einer Handlungskette, an deren Ende der Kunde steht. Und das wollen Sie doch, oder? Probieren Sie es aus! Für den Kunden ist das Unternehmen ein einziges Gegenüber. Dem müssen Sie Rechnung tragen in Ihrer organisatorischen Aufstellung.

7.

__Unter einem Dach.__ Dass Teamgeist Berge versetzen kann,
haben Sie wahrscheinlich schon einmal zu oft gehört. Aber wie
entsteht Teamgeist? Die Frage ist in den letzten Jahren besonders spannend geworden. Die digitalen Medien ermöglichen
es, faktisch an jedem Ort der Welt zu arbeiten und sich miteinander zu vernetzen. Als Führungskraft stehen Sie also vor
dem Dilemma, dass ein Unternehmen ohne identitätsstiftenden
Ort und ohne Begrenzung nicht zu existieren vermag. Auf der
anderen Seite erfordert die Mobilität eine Lösung oder gar Auf-
lösung der Ortsbindung. Gerne greift man zu Appellen: »Die
Führungskraft muss den Mitarbeitern vermitteln, warum jeder
Einzelne für das Gelingen des Gesamtprojekts wichtig ist.« Die
Aufforderung zu verstärkter Kooperation gehört denn auch zum
Standard von Führungstagungen. Und ist nicht sehr erfolgreich.
Appelle haben kurze Beine.

Realistischer sind organisatorische Entscheidungen. In der
Regel sind Teams produktiver, wenn sie sich räumlich nah sind,
wenn sich die Teammitglieder alltäglich begegnen, durchaus
auch zufällig. Jedenfalls deutlich produktiver, als wenn jedes einzelne Teammitglied alleine vor sich hin wurschtelt. Das nennt
man den »Kollegeneffekt«: Die Langsamen lassen sich von den
Schnellen mitziehen. Einen besonders guten Mitarbeiter einzustellen und in ein Team zu integrieren erfüllt deshalb zweierlei:
Er bringt seine eigene gute Leistung und steigert auch noch die
Leistung derjenigen, die mit ihm zusammenarbeiten. Voraussetzung dafür ist, dass man sich *sehen* kann. Das sagt jedenfalls
die Forschung: Nur Kollegen, die von leistungsstarken Kollegen
gesehen werden können, arbeiten besser.

Wenn man sich nicht sehen kann, wird es schwierig. Zusammenarbeit in virtuellen Teams ist daher eher *Koordination*.
Unterschiede der Orte, Sprache und Kultur in unterschied-

lichen Zeitzonen erschweren das Verstehen. Wenn Koordination jedoch aus Sicht des Kunden hinreicht, sollte es Ihnen recht sein. Wollen Sie hingegen *Kooperation* im Wortsinne, dann müssen Sie handeln: zusammenziehen! So war die Schweizer Werbeallianz Admeira zunächst virtuell unterwegs. Das hat Koordination und Prozess ermöglicht, aber keine Kooperation. Damit sich die Leute spontan treffen und austauschen können, hat man die Mitarbeiter aus vier Firmen am Standort Zürich unter einem Dach vereint. Nach Aussage des Managements »gab das noch mal richtig Schub«.

Das »Unter-einem-Dach« ist von der Wissenschaft gut gestützt. Forscher der Universität Harvard haben 2017 den Erfolg gemeinschaftlich durchgeführter Forschungsprojekte untersucht – gemessen an Zitaten in Fachjournalen. Die Ergebnisse waren mit der Frage verbunden, ob die Schreibtische der Forscher im gleichen Gebäude standen oder räumlich weit entfernt voneinander – etwa in anderen Hochschulen, Gebäuden oder gar zuhause, sodass es unwahrscheinlich war, dass sie sich begegneten. Siehe da: Die Zitierquote lag bei jenen, die sich häufig über den Weg liefen, im Vier-Jahres-Durchschnitt um 45 Prozent höher! Ein deutlicher Hinweis, dass räumliche Nähe den Erfolg erheblich fördert.

Wann also ist physische Anwesenheit notwendig, wann reicht virtuelle Präsenz? Häufig stellt man globale Teams zusammen, um von der Diversität der Mitglieder zu profitieren, Kreativität zu fördern und Innovationen anzuregen. Und wird in der Praxis häufig enttäuscht: Die Resultate globaler Teams sind oft medioker, die Zufriedenheit mäßig und die Zusammenarbeit konfliktär. Den Hauptgrund dafür haben wir schon genannt: Zusammenarbeit war über Jahrmillionen auf Sichtbarkeit angewiesen. Das schüttelt man nicht einfach ab. Ergo: Selbst wenn die digitale Zusammenarbeit mittlerweile allgemein akzeptiert ist, sparen Sie nicht an Reisekosten. Bringen Sie zumindest zu Beginn des Projektes die Mitarbeiter physisch zusammen; das hat sich noch immer ausgezahlt. Was insbesondere für »virtuelle Teams« gilt, deren Mitglieder auf der ganzen Welt verstreut sind. Sie kommen nicht darum herum: Man muss sich regelmäßig physisch begegnen, um so etwas wie Teamgeist aufzubauen.

8.

Home Office. Bleiben wir noch einen Moment bei der räumlichen Nähe, vielmehr: beim Gegenteil. Das Home Office kam um die Jahrtausendwende in Mode; feste Büroarbeitsplätze galten als antiquiert. Alle schienen dabei zu gewinnen: Unternehmen freuten sich über geringere Bürokosten, Mitarbeiter freuten sich über höhere Zeitflexibilität, die Umwelt freute sich über geringere Emissionen. Doch seit einigen Jahren schlägt das Pendel zurück. Immer mehr Unternehmen holen ihre Mitarbeiter zurück an die Standorte. IBM ist diesen Schritt gegangen, zuvor schon Yahoo, Reddit und Best Buy.

Woher kommt der Sinneswandel? Nun, es gibt keine Buchung ohne Gegenbuchung. Und der Verlierer des Home Office ist die Kooperation. Man fürchtet zu Recht die Vereinzelung, die nicht mehr beobachtbare Zusammenarbeit. Ziel des Zurückruderns ist es daher, so stellvertretend die IBM-Marketingchefin Michelle Peluso, »Schulter an Schulter echte Kreativität und Inspiration entstehen zu lassen«.

Das hätten die Anthropologen sofort bestätigt, hätte man sie gefragt: Physische Anwesenheit ist unabdingbar, will man wirklich zusammenarbeiten. Man erlebt sich wechselseitig in den gleichgerichteten Anstrengungen, kann in ungeplanten Gesprächen Zufallsideen generieren, spontan anfallende Arbeit leichter verteilen. Nichts ist schneller und vollständiger als ein Gespräch von Angesicht zu Angesicht.

Ich empfehle Ihnen nicht, das Home Office abzuschaffen, so wie es die Ex-Yahoo-Chefin Marissa Mayer mit publizistischem Getöse und geringem Effekt schon 2013 tat. Lassen Sie uns vielmehr unterscheiden:

1. Manche Tätigkeiten eignen sich für das Home Office, andere nicht.

2. Manche Menschen eignen sich für das Home-Office, andere nicht.
3. Alles, was man ins Extreme steigert, ist falsch – sowohl die Nähe wie die Vereinzelung.
4. Falls Sie Karriere machen möchten: Vorgesetzte neigen dazu, die Präsenz am Arbeitsplatz zu honorieren. Bewusst oder unbewusst spielt das in Beförderungsentscheidungen hinein. Sollten Sie sich also wünschen, verstärkt von zuhause aus zu arbeiten, dann wissen Sie, was Sie tun.

Was vordergründig als Vertrauens-Thema heftig umstritten ist, ist im tieferen Sinn eine Diskussion um den Wesenskern des Unternehmens: Kooperation. Ich kann Ihnen nur raten, das Kind nicht mit dem Bade auszuschütten. Entscheiden Sie von Fall zu Fall. Aber der Kooperationsvorrang im Unternehmen setzt dem Home Office Grenzen.

9.

Kleine Einheiten. »Elixir« heißen die Gitarrensaiten, die den Ton fünfmal länger halten als Konkurrenzprodukte. Sie sind seit Jahren Marktführer. Die Saite hat eine Beschichtung von Gore. Genau, jene Firma mit den Funktionstextilien. Gore-Tex heißt die Marke, mit der das Unternehmen bekannt wurde. Seit Jahren steht das Unternehmen an der Spitze der 100 besten Arbeitgeber weltweit – und es herrscht auch nach vielen Erfolgen immer noch ein Start-up-Klima. Forscher, Ingenieure und Vertriebsmitarbeiter arbeiten dort grundsätzlich im selben Gebäude. Diese Nähe erzeugt Austausch und Zusammengehörigkeit. Damit das so bleibt, hat eine Niederlassung ungefähr 200 Mitarbeiter. Wächst der Standort darüber hinaus, kommt es zur Zellteilung: Es wird eine neue Niederlassung aufgemacht. »Nur durch die regelmäßige Zellteilung schaffen wir die Atmosphäre, um das kreative Potenzial jeden Mitarbeiters optimal auszuschöpfen.« So Eduard Klein, einer der Geschäftsführer von Gore Deutschland.

Der Mensch ist ein reziprokes Wesen. Das heißt, dass er sich umso kooperativer verhält, je mehr er den Eindruck hat, andere tun dies auch. Kooperation muss also »sichtbar« sein. Das ist der Vorteil kleiner Einheiten. Kleine organisatorische Einheiten sind besser in der Lage, Kooperation zu erzeugen, weil sie sie beobachtbar machen.

Vor diesem Hintergrund: Viele Organisationen sind schlicht zu groß. Zweifellos, Geschäftsmodelle brauchen eine gewisse Größe zur effizienten Leistungserbringung. Volumen, Globalität, Skaleneffekte und Synergiepotenziale sind die Stichworte. Ab einem gewissen Punkt schlagen diese Vorteile jedoch in Nachteile um. Man spricht von »Komplexitätskosten«, und auch ohne Taschenrechner kommt man zu kostenintensiven Kippeffekten.

Das ist nichts Neues: »Die Erfahrung zeigt, dass es schwierig, wenn nicht unmöglich ist, in einem bevölkerungsreichen Staat gute Gesetze zu machen.« Das schrieb Platon schon im 4. Jahrhundert v. Chr. in seiner *Politeia*. Und Montesquieu ergänzte 1746: »In großen Staaten wird dem Gemeinwohl tausenderlei Rücksichten geopfert, während es in einem kleinen Land näher an jedem Bürger ist.« Heute können wir ergänzen: Unter den ersten zehn wettbewerbsfähigsten Ländern der Rangliste des IMD World Competitiveness Center finden sich mit Ausnahme der (sehr föderalen) USA nur *kleine* Länder. Größere Flexibilität, geringere Regulierungsdichte und direktere Verantwortlichkeit sind dafür die entscheidenden Faktoren.

Nicht nur, dass Großsysteme extrem störanfällig sind und einen immensen Sicherungsaufwand erfordern, auch die Notwendigkeit der Kooperation stößt dort auf gattungsgeschichtliche Fakten: Als Primaten sind wir auf Größe schlecht vorbereitet. Anthropologisch arbeiten wir in *Nachbarschaften*, nicht in großen Unternehmen. Kleingruppen in einem relativ engen territorialen Handlungsrahmen, das ist unser biologisches Gepäck. Dort wird der gemeinsame Weg erfahrbar, dort kann sich ein »Wir« entwickeln.

Deshalb wird seit vielen Jahren über die richtige Firmengröße nachgedacht. Wie groß darf eine Leistungseinheit sein? Meine Erfahrung sagt, dass es Bruchstellen gibt: ab etwa 30 Mitarbeitern, dann ab 300, dann ab 3000. Wird das Unternehmen noch größer, übernehmen nur noch wenige Mitarbeiter Verantwortung für das Ganze. Bei diesen Dimensionen handeln Menschen rational ignorant: »Ich bin hier nur ein Rädchen im Getriebe.« Aber jeder Mensch braucht, um motiviert zu arbeiten, das Gefühl, *dass es auf ihn ankommt*.

Kleinere Einheit, größerer Erfolg? Das ist möglich, aber nicht sicher. Vielleicht kommen wir weiter, wenn wir Kooperation vom Kunden her denken. Kleine Einheiten mit relativ hoher

Autonomie und Anpassung bieten sich an beim Kunden vor Ort, der lokal so unterschiedlich ist, wie er immer war und sein wird. Große Einheiten bieten sich an bei global aufgestellten Kunden – mit entsprechenden Schwierigkeiten bei der lokalen Realisierung. Wo aus Sicht des Kunden gar keine Kooperation notwendig ist, sollten Sie über eine Trennung der Unternehmenseinheiten nachdenken.

Die Wiedereinführung der Kooperation ins Unternehmen wird kaum ohne kleine Einheiten zu realisieren sein. Den beweglichen und fokussierten Spezialisten gehört die Zukunft. Industriekolosse, die einst mit »big is beautiful« auf Skaleneffekte setzten, können sich »agilisieren«, indem sie unter zentralen Dächern dezentrale Eigenständigkeit zulassen. So wie es in Extremform der chinesische Hausgeräte-Hersteller Haier macht: Das Unternehmen ist mit seinen 30 000 Mitarbeitern ein Verbund lose verbundener Einheiten, die aus je etwa 20 Mitarbeitern bestehen. So bleibt man als Ganzes anpassungsfähig. Gerade in digitalen Zeiten: Die Manager müssen möglichst viele Sachverhalte selbst entscheiden können, nur dann können sie schnell sein, nur dann können sie ohne Verzögerung auf Marktereignisse und neue Entwicklungen reagieren. Also: Stärken Sie die kleinen Einheiten! Nur in kleinen Einheiten hat Vertrauen eine Chance. Und Kooperation ist ohne Vertrauen nicht zu haben.

10.

Architekturen. Wie präsentieren Sie eine Aufgabe so, dass sie zur Kooperation einlädt? Das ist die wichtigste Frage für eine Führung, die die Bedeutung neuer Kooperationsformen im digitalen Zeitalter verstanden hat. Der Kickertisch als kreative Minimalausstattung von Internetbuden reicht ebenso wenig wie die Pizzalieferung zu später Stunde. »Stehungen« statt Sitzungen, auf 15 Minuten begrenzt, runde Arbeitstische – alles hilfreich. Aber viel grundsätzlicher sind Fragen nach verräumlichten Kooperationssystemen, die spontanen Kontakt ermöglichen.

Architekturen, die Kooperation gleichsam »bildnerisch« unterstützen, sind bisher selten. Weithin bekannt ist allenfalls das Amsterdamer Bürogebäude »The Edge«, das mit seinen 28 000 Sensoren und einer speziellen Smartphone-App als eines der intelligentesten Bürohäuser der Welt gilt. Selbst die Reinigungskräfte erfahren digital, welche Gebäudeteile an einem Tag intensiv genutzt wurden. Bis in die Gegenwart hinein greifen Firmen zu rabiaten Formen des Großraumbüros; auch noch Facebook, das 2015 ein Gebäude mit dem größten offenen Büroraum der Welt bezog. Dort gibt es nicht einmal Cubicles, kleine Bürozellen, die durch mittelhohe Raumteiler getrennt sind. Im Unterschied zu vielen Tech-Unternehmen hatte Apple nie Großraumbüros; umso größer war der Protest, als man 2017 in die neue Apple-Zentrale zog, die nur für die Führungsspitze im vierten Stock Einzelbüros vorsah. Ja, es gibt Gründe, dass man in Großraumbüros von Technologiefirmen etliche Mitarbeiter mit Kopfhörern sehen kann.

In der Haupttendenz werden Großraumbüros mittlerweile durch intelligentere Ideen abgelöst. Einige Unternehmen experimentieren mit einem Wechsel von Einzelbüros, Begegnungszonen, Gruppenarbeitsräumen und offenen Strukturen. Die Konzernverwaltung der Lufthansa ging in diese Richtung. Es gibt große Tische für Gruppenarbeit, locker gestellte Einzeltische für Routinearbeit, abgeschlossene Räume für konzentrierte Einzelarbeit. Lars Ottmer, Leiter des Lufthansa Group Campus: »Wer in einem Dienstleistungsunternehmen am Platz für Kooperation spart, gefährdet Innovation und Produktivität – und damit den Umsatz.« Die Otto Group hat in ihrer Hamburger Zentrale eine ganze Etage freigeräumt, die die Mitarbeiter je nach Bedarf immer neu gestalten können.

Können wir zu kooperationsfördernder Architektur etwas Grundsätzliches sagen? Es ist gattungsgeschichtlich problematisch, dem Mitarbeiter einen festen Arbeitsplatz zu verweigern. Etliche Forschungen legen nahe, dass man produktiver ist, wenn der Arbeitsplatz die eigene Identität spiegelt. Jeder Mensch braucht einen festen Ort als Bezugspunkt, ein persönliches Hoheitsgebiet, wo er auch private Gegenstände aufstellen kann und sich »zuhause« fühlt. Das machen viele Großunternehmen falsch. Feste Arbeitsplätze bedeuten aber keineswegs isolierte Einzelbüros. Man kann zusammenrücken, etwa in Gruppen von vier bis sechs Tischen. Es braucht auch die Möglichkeit, sich allein oder gemeinsam in separate Arbeitsräume zurückzuziehen. Der Schlüssel liegt in flexiblen Lösungen, nicht im effizienten Standard.

Eine im wahrsten Sinne »zentrale« Rolle spielt das Restaurant. Es sollte keine herkömmliche Kantine sein. Es geht auch nicht nur um Verpflegung. Das Restaurant sollte vielmehr ein kommunikatives Zentrum sein. Eine Lage in der Mitte der mittleren Etage (wie ich es bei Google in Zürich besichtigen konnte) signalisiert die Bedeutung. Auch die Hauptverwaltung des Schweizer Handelsunternehmens Migrolino hat das Restaurant »eingemittet«. Zudem sind die Zugangswege einladend ausgebaut. Genutzt werden kann es nicht nur zu Essenszeiten, sondern ganztägig als Treffpunkt. Oder als Veranstaltungssaal für Mittagskonzerte – wie bei der Otto Group in Hamburg.

Lässt sich ein Rezept destillieren? Vor dem Hintergrund meiner Erfahrung plädiere ich für einen fließenden Übergang zwischen den Gebäuden und Formen. In Großraumbüros sollte nicht alles zu flacher Erde angeordnet sein; kleine Höhenunterschiede geben Struktur – eine, zwei Treppenstufen (mit einer Rampe für Behindertengerechtigkeit). Auch Fluchten sollten keinem simplen Gitter folgen, sondern durch kleine horizontale Versetzungen gebrochen werden. Dadurch vermeiden Sie den Effekt der Käfighaltung. Wichtig: Setzen Sie grundsätzlich die Mitarbeiter, die kooperieren sollen, in ein gemeinsames Büro. Zum Beispiel: Chief Product Officer und Chief Digital Officer teilen sich ein Büro, in dessen Mitte ein Tisch steht, an dem sie gemeinsam entscheiden. Sowohl die Praxis wie die Symbolik im Umgang mit unterschiedlichen Perspektiven bleiben den Mitarbeitern nicht verborgen.

Es ist erstaunlich, dass sich Mitarbeiter oft nicht kennen, obwohl man auf nur drei Stockwerke verteilt ist. Je enger Menschen kollaborieren müssen, desto wichtiger ist die horizontale Verknüpfung. Also, wenn es möglich ist: Nutzen Sie so wenige Stockwerke wie möglich. Sie sollten Kooperation nicht nur in Stein meißeln, sondern auch in Beton gießen.

Ach, noch etwas, weil wir gerade dabei sind: Sind bei Ihnen die Einzelbüros des Top-Managements im obersten Stockwerk? Wirkt etwas »abgehoben«, nicht wahr? Wenn Sie als Top-Manager die Kooperation fördern wollen, dann legen sie Ihre Arbeitsplätze in die anderen Stockwerke, mitten hinein in die Mannschaft. Also beispielsweise ins Erdgeschoss, wo alle Mitarbeiter durchgehen und sogar Kunden vorbeikommen. Das wirkt mehr als tausend Aufrufe zu mehr Kooperation. Und, Sie werden sehen, etliche Meetings erübrigen sich. Am besten, Sie besprechen das gleich jetzt mit Ihren Kollegen.

11.

Digitaler Arbeitsplatz. Wie schaffen Sie es, dass Ihre Mitarbeiter sich als Teil eines Ganzen erleben? Dass sie sich nicht nur für ihr Silo interessieren? Dass alle stets auf dem Laufenden sind? Da gibt es den Flurfunk, klar. Den versuchte man früher zu steuern durch die Kommunikationsabteilung. Einige von Ihnen erinnern sich sicher noch ans Schwarze Brett, dessen Zettelwirrwarr darüber hinwegtäuschte, dass das Wichtigste woanders stand. Oder an die Mitarbeiterzeitung, die eher ein Propaganda-Organ des Vorstands war.

Heute kann der digitale Arbeitsplatz als zentralisierte, vernetzte und überall verfügbare Arbeitsumgebung die Mitarbeiter integrieren. Kern dessen ist ein »Social Intranet« mit Activity Streams, Wikis, Storage- und Chat-Funktionen. Es ermöglicht einen schnellen, dynamischen und bereichsübergreifenden Austausch, der weitgehend hierarchiefrei ist. Nicht Eins-zu-eins-Kommunikation, sondern Eins-zu-jedem-dem-es-nützt-Kommunikation. Keine bilateralen E-Mails mehr, sondern Forumsbeiträge, die bei Bedarf alle abrufen können. Jeder Mitarbeiter, vom Azubi bis zum CEO, kann sich beteiligen. So kann man auch alle Geschäftsdokumente und Informationen zugänglich machen, die der Mitarbeiter für seine Arbeit benötigt. Integriert man zudem das Qualitäts- und das Wissensmanagement, dann hat man eine Plattform, die eine unternehmensumspannende Kommunikation ermöglicht. Ein Beispiel? Der indische Technologiedienstleister Tata Consultancy Services bietet seinen mehr als 300 000 Mitarbeitern auf der Digitalplattform Ultimatix die Möglichkeit, ihre Einschätzungen zu disruptiven Veränderungen in der Branche auszutauschen. So könne man ganz allgemein für schwache Signale im Markt sensibilisieren.

Meine Empfehlung: Stärken Sie die interne Kommunikation. Investieren Sie Zeit und Geld in ein Social Intranet. Erste

Untersuchungen zeigen, dass Mitarbeiter dadurch insgesamt zufriedener sind. Der Wunsch nach persönlicher Begegnung wird entgegen landläufiger Befürchtung dadurch keineswegs geschwächt, sondern steigt sogar. Was ein qualitatives Füreinander stützt. Und nutzen Sie es selber. Reduzieren Sie demzufolge die E-Mail-Flut. Besser noch: Gehen Sie doch direkt rüber zu Ihrem Kollegen und tauschen sich mit ihm aus. Das Analoge hat auch seine Vorteile.

12.

Selbstorganisation. »Damit ein System lebensfähig ist, muss es sich an äußere und innere Änderungen anpassen können. Es muss lernen, aus Veränderungen zu lernen, diese sinnvoll zu verwerten und sich selbständig weiter zu entwickeln.« Das schrieb der britische Ökonom Stafford Beer schon 1959. Es erklärt die ungeheure Resonanzfähigkeit internet-basierter Plattformen. Diese digitalen Großmärkte koppeln alles, was um sie herum geschieht, direkt und schnell zurück an beide Seiten – an Produzent und Konsument. Damit sind sie traditionellen Wertschöpfungsketten dramatisch überlegen. Anders gewendet: Selbstorganisation schlägt Planwirtschaft. Könnte das nicht auch eine Lektion sein für die innere Verfasstheit Ihres Unternehmens?

Schon in analogen Zeiten war es primäre Führungsaufgabe, Zusammenarbeit zu organisieren. Mit dem Zusatz: *die sich von alleine nicht ergibt.* Ergäbe sie sich von alleine, müssten Sie nicht aktiv werden. Warum aber ergibt sich Kooperation oft nicht von alleine? Da fallen Ihnen schon auf das erste Hindenken Aspekte ein, die der Prozess des modernen Organisierens erzeugt hat: Arbeitsteilung, Spezialisierung, Individualisierung der Leistungszurechnung. Hinzu kommt, dass der moderne Manager eine Tendenz zur Überzuständigkeit hat. Er kann sich gar nicht vorstellen, dass etwas ohne ihn produktiv zusammenläuft. Ergäbe sich Kooperation gleichsam »von selbst«, wäre er ja überflüssig, jedenfalls nicht mehr so wichtig. Also sorgt er dafür, dass er wichtig bleibt.

Die Digitalisierung erschwert diese Inszenierung von Unersetzlichkeit. Informationen, von jeher der »Vorsprung« der Führung, stehen heute jedermann und jederzeit zur Verfügung. Zudem sind Mitarbeiter heute selbstbewusster, besser ausgebildet, unter den Bedingungen verinnerlichter Demokratie aufgewachsen. Vor diesem Hintergrund wirkt »Anordnung von oben« antiquiert. Zudem lässt die »liquide Moderne« (Zygmunt Bauman) immer häufiger offen, wer Chef ist und wer Mitarbeiter, wer Leader und wer Follower, wer Experte und wer Laie. Von Projekt zu Projekt, von Situation zu Situation sieht das anders aus. Letztlich: Hierarchische Abläufe sind langsam. Das hat auch Vorteile, aber nur bei Windstille. Auf volatilen Märkten überwiegen die Nachteile. Können, sollten wir nicht mehr Selbstorganisation wagen? Oder, wenn Ihnen das besser gefällt, mehr »Agilität«?

Wenn Sie skeptisch sind, überzeugen Sie vielleicht Beispiele: Da ist, um in Deutschland zu bleiben, das Reisezentrum Mühldorf der Deutschen Bahn, in dem acht Mitarbeiter die gesamte anfallende Arbeit komplett selbst steuern. Die Führungskraft hat beratende Funktion und ist für die Einhaltung gesetzlicher Vorgaben verantwortlich. Bei Alnatura gibt es den ersten SuperNaturMarkt, dessen 38 Mitarbeiter die Arbeiten in ihrer Filiale seit über zwei Jahren erfolgreich selbstverantwortlich gestalten – ohne eine Filialleitung. Weitere acht Märkte sind auf dem Weg zum »sozialorganischen Unternehmen«. Der holländische Marktführer für häusliche Pflegedienstleistungen Buurtzorg hat seine fast 10 000 Mitarbeiter in Teams aufgeteilt. Jedes Team ist für eine Region verantwortlich und organisiert sich selbst: Einsatzzeit, Pflege, Dokumentation, Abrechnung, Ferienzeit. Es gibt einen Coach für je 40 Teams, der nur auf Anfrage aktiv wird. Overhead: 40 Mitarbeiter in der Zentrale. Marktanteil in den Niederlanden: 70 Prozent. Selbstorganisation scheint so falsch nicht zu sein.

Ob Sie mehr Selbstorganisation brauchen, sollten Sie freilich weder »modisch« noch »ideologisch« entscheiden. Machen Sie es abhängig von den Marktbedingungen. Für manche Situationen ist diese Form der Kooperation hilfreich, für andere nicht. Wenn Sie aber mehr Selbstorganisation brauchen, dann kenne ich nur einen Weg, sie zu bekommen: weniger Führungskräfte!

Das Rezept können Sie aus dieser Erkenntnis ableiten: Je mehr Führungskräfte es gibt, desto größer ist die Nachfrage nach Führung seitens der Mitarbeiter. Und wenn Führungskräfte schon da sind, dann wollen sie auch entscheiden. Dann ist es schnell vorbei mit der Selbstorganisation. Daher: Nicht überzuständig sein, sich zurückhalten, sich sogar angemessen und überlegt zurückziehen – das ist der Königsweg der Führung. Das braucht, verglichen mit analogen Zeiten, ein deutliches Mehr an *Vertrauen*. Vertrauen in andere, aber auch Vertrauen in sich selbst, um mit Misserfolgen klarzukommen. Kontraindiziert für Menschen ohne Selbstvertrauen.

13.

Abschied vom Kontrolldenken. 2002 veröffentlichte ich ein Buch mit dem Titel *Vertrauen führt*. Nie hätte ich geahnt, dass das Thema in digitalen Zeiten noch einmal so dynamisiert würde. Damals herrschten noch weitgehend stabile Kooperationsbedingungen. Heute sind Teams oft rund um die Welt verteilt, die Mitarbeiter wechseln ständig, weil der Kunde bei komplexen Projekten je nach Phase andere Experten verlangt und rasch neue Lösungen fordert. Häufig koordinieren sich die Mitglieder dieser virtuellen Teams selbst, haben aber dennoch einen Chef. Der kommt sich oft verloren vor in einer Welt des Agilen, Eigenständigen, global Vernetzten. Positionsautorität ist weniger wert … was sag ich, sie ist nahezu irrelevant. Vor allem aber wiegt der Kontrollverlust schwer. Mancher Chef fragt sich: Wie kann ich sicherstellen, dass die Dinge nicht aus dem Ruder laufen? Wie Zeitzonen überbrücken, Kulturen und Arbeitsstile zusammenbringen?

Was können wir diesem Chef raten? Vielleicht hilft er sich mit Chats oder Sharepoint, Basecamp oder OneNote, Skype oder WebEx, GoToMeeting oder Videokonferenzen. Oder mit Statusberichten, die er dann doch nicht liest. Er selbst wird es spüren: Eine andere Führung ist gefordert. Befehl und Gehorsam funktionieren nicht. Auch Drohen läuft bei umworbenen Fachkräften ins Leere. Also: Ohne *Vertrauen* kriegt er das nicht hin.

Vertrauen gilt seit jeher als entscheidender Faktor für gelingende Kooperation. Dieses Vertrauen war früher ein Vertrauen aus Vertrautheit. Das ist heute, wie ich oben bereits andeutete, antiquiert. Dafür sind die Arbeitsverhältnisse zu fluide. Ein verschmerzbarer Verlust. Es ist nämlich nicht nur so, dass Mitarbeiter miteinander kooperieren, weil sie einander vertrauen. Es ist vor allem umgekehrt der Fall: *Kooperation schafft Vertrauen*. Die Digitalisierung, ich prophezeie es Ihnen, wird einen erheblich höheren Vertrauenspegel im Unternehmen erfordern. Und gleichzeitig erzeugen. Die impliziten Verträge werden wichtiger, die expliziten definieren lediglich einen Bodensatz an (relativer) Sicherheit. Weil nur Vertrauen ein Unternehmen schnell macht.

Das ist der Abschied vom Kontrolldenken. Natürlich, Sie müssen immer noch Rollen, Aufgaben und Verantwortung definieren, Arbeitsabläufe und Termine festlegen. Aber die Dinge sind im Fluss, verändern sich ständig. Heute »schwingen« Sie mit dem Prozess, führen Menschen und Ideen zusammen, moderieren Konflikte. Verbunden sind Sie vielfach nur über Laptop und Smartphone, ohne Sichtkontakt. Das ist für Führungskräfte im Außendienst nichts Neues: Verkäufer, Servicetechniker und Berater waren ohnehin immer auf Reisen. Aber dieses Muster durchdringt vermehrt das ganze Unternehmen. Haben Sie genug Manager, die vertrauensbasiert arbeiten können? Sind Sie selbst einer? Das hoffe ich. Falls nicht, kann man das lernen? Meiner Erfahrung nach: nein. Vertrauen ist keine Kompetenz, die man durch Online-Seminare verinnerlicht. Vertrauen ist gebunden an ein knappes Gut: an Selbstvertrauen. Selbstvertrauen wiederum ist keine therapierbare Größe – jedenfalls nicht in dem Alter, in dem Menschen ins Unternehmen kommen.

Ich empfehle Ihnen daher, nur solche Menschen zu Führungskräften zu machen, die über ein hohes Maß an Selbstvertrauen verfügen. Wie erkennen Sie das? Diese Führungskräfte sind sehr zurückhaltend mit expliziten Kontrollmaßnahmen. Sie erschlagen nicht jedes Gestaltungsproblem mit einer Richtlinie. Bei Fehlern beschuldigen sie nicht den Verursacher (so er denn isolierbar ist), sondern reagieren handelnd. Sie reagieren auch bei Vertrauensbruch zwar eindeutig, aber angemessen.

Lassen Sie mich noch etwas hinzufügen, das faktisch nie beachtet wird. Vertrauen ist kein zwei-schrittiger Prozess, sondern drei-schrittig: 1) Sie vertrauen 2) einem anderen 3) *in Bezug auf etwas.* Ein vollumfängliches, undifferenziertes Vertrauen – 1) plus 2) – ist naiv. Sie mögen Ihrem Mitarbeiter vertrauen, dass er ein großartiges Gerät entwirft; Sie werden ihm möglicherweise nicht vertrauen, dass er es auch baut. Und noch weniger, dass er es auch verkauft.

Vor allem aber ist individuelles Vertrauen nicht erzwingbar. Sie haben es nicht in der Hand, ob Ihnen jemand vertraut. Deshalb kann man Vertrauen nicht fordern. Und eben deshalb auch nicht dazu auffordern. Das tut nur jemand, der sich ärmelschonend in seiner guten Absicht räkelt. Wollen Sie es noch deutlicher? Wenn Sie mit jemandem kooperieren, dann sollten Sie ihm sehr weitgehend vertrauen – bezogen auf diese konkrete Aufgabe. Wenn Sie ihm aber nicht vertrauen können, arbeiten Sie besser nicht mit ihm zusammen. Das ist ein Rezept! Es gibt keinen dritten Weg. Jedenfalls keinen ohne extrem hohe Sicherungskosten.

14.

<u>Institutionelles Vertrauen.</u> Bisher sprachen wir über zwischenmenschliches Vertrauen. Davon zu unterscheiden ist das Systemvertrauen. Dieses *institutionelle* Vertrauen ist in seinen Wirkungen tiefgreifender, gestaltbarer, stabiler. In drei Dimensionen können Sie das ertasten:

1 Der Verregelungsgrad Ihrer Firma – wie hoch ist der? Der akribische Versuch vieler Unternehmen, keine noch so kleine Kontrolllücke zuzulassen, ist ein Misstrauensvotum. Es ist eine Demütigung für genau jene Mitarbeiter, mit deren unternehmerischer Risikofreude Sie die Zukunft gestalten wollen. Als ob Mitarbeiter alles, was ungeregelt ist, zu ihren Gunsten ausbeuten.

2 Die Systeme und Instrumente Ihrer Organisation – wirken die vertrauensfördernd auf den Einzelnen? Die Anonymität bei Mitarbeiterbefragungen ist z. B. geradezu eine Monstranz des Misstrauens. Ebenso ein Bonus-System. Das ist die wichtige Frage: Fördern die Strukturen und Instrumente Ihres Unternehmens Vertrauen? Oder fördern sie Misstrauen?

3 Das Maß an interner Konkurrenz in Ihrem Unternehmen – ist es geeignet, Kooperation zu dementieren? Ist es in Ihrem Interesse, dass Ihr Kollege versagt? Kann ein Unternehmensteil auf Kosten eines anderen exzellieren? Dominieren Rankings und Vergleichslisten?

Wenn Sie die Kräfte des Misstrauens stärken, die Kräfte des Wettbewerbs innerhalb Ihres Unternehmens bzw. Unternehmensverbundes, produzieren Sie Phänomene, die Sie nachher beklagen. Denn intensivierte Sicherungsmaßnahmen können den Vertrauensmechanismus nicht nur nicht ersetzen, sondern entkräften ihn. Dadurch wird betriebswirtschaftlich wertvolles Kapital zerstört: Wenn das Vertrauen zerstört ist, ist mehr zerstört als Vertrauen.

Was kann ich Ihnen empfehlen? Wenn Sie über Vertrauen sprechen, präzisieren Sie es. Sprechen Sie es immer in seiner Dreischrittigkeit an: Wer vertraut wem bezogen auf was? Differenzieren Sie es als gültig oder ungültig in *diesem* Bereich, aber nicht in jenem. Das kann jeder verstehen, ohne pauschal eine »Misstrauenskultur« auszurufen. Generalisiertes Vertrauen ist Unsinn. Und prüfen Sie bei jedem Führungsinstrument, ob es eher Vertrauen kommuniziert oder Misstrauen. Wenn Sie digitalen Wandel wollen, kommen Sie um ein Mehr an vertrauensbasierten Transaktionen nicht herum.

15.

There's no »I« in Team. Wenn wir uns die Unternehmen anschauen, die in den letzten Jahren wirklich disruptive Konzepte vorgestellt haben, so fällt mindestens zweierlei auf. Erstens liefern sie Stoff für Heldenbildung. Apple, Amazon, Alibaba, Facebook, Google, Starbucks, Tesla, auch Michael Dells Geschichte – sie alle belegen die Saga vom großen Einzelnen, der »sein Ding macht«. Zweitens werden solche Geschichten nicht mehr in Deutschland geschrieben. Allenfalls in der Vergangenheit gab es die Grundigs, Neckermanns, Dasslers, Krupps.

Vor diesem Hintergrund: Was zählt? Einzelgenie oder Teamarbeit? Meine Antwort: Falsche Alternative! Wir brauchen beides. Bei den obigen Beispielen heroischer Einzelmenschen bildeten keine etablierten Unternehmen die Expeditionsbasis. Sie konnten ohne Ballast starten, schufen die Unternehmen weitgehend von Grund auf neu. In Deutschland aber dominieren Unternehmen mit langer Erfolgsgeschichte. Die müssen sich *wandeln* – das ist etwas grundlegend anderes. Und waren die großen Einzelgenies »lone inventors«? Keineswegs. Der einsame Innovator ist ein Mythos. Sogar die Innovations-Ikone Thomas Edison hatte 14 Leute, die in seinem Namen forschten. Aber selbst wenn Sie gerne an Helden glauben wollen: Wie viele davon haben Sie in Ihrem Unternehmen?

Wenn wir nicht in einem klagenden Rundumschlag die Schulen, die Universitäten und die sozialdemokratisierte Eliten-Skepsis beschuldigen, sollten wir auf das schauen, was unter diesen Umständen möglich ist. Dabei hilft uns eine Unterscheidung: Der Einzelne ist die *initiative* Kraft, das Unternehmen ist die *tragende* Kraft. Der Einzelne stößt das Neue an, das Unternehmen greift es auf und entwickelt es weiter bis zur Marktreife. Es zählt zwar der einzelne Mensch, aber nicht der vereinzelte.

Allerdings wäre es naiv zu glauben, wer kooperiert, hätte keine eigenen Interessen mehr. In einer Kooperationsarena dürfen wir den instrumentellen Wert des anderen nicht unterschlagen: Jeder Mensch ist und bleibt ein »Ich«. Menschen im Unternehmen arbeiten auch für Karriere, für Gehaltserhöhung, Ressourcen, Image. Vor allem aber für Sinnerfüllung. Gefährlich wird es, wenn individuelle Rationalität sie verleitet, den Unternehmenserfolg zu gefährden. Wird z. B. ein Mitarbeiter an individuellen Zielen gemessen und steht er nach einer Misserfolgsserie unter Druck, arbeitet er egoistischer. Vielleicht sorgt er sogar dafür, dass andere Kollegen schlechter aussehen. In jedem langfristig erfolgreichen Unternehmen arbeiten die Leute deshalb *primär* miteinander, weil es dem Einzelnen nutzt. Das Ich bleibt erhalten, muss gleichwohl dem Gemeinsamen untergeordnet werden. Ellbogenmentalität funktioniert ebenso wenig wie Kollektivismus.

Der Sport zeigt uns, dass es ein erheblicher Unterschied ist, *in* einer Mannschaft zu spielen oder *als* Mannschaft. Immer wieder illustrieren prominente Beispiele die Fähigkeit, als eine Einheit aufzutreten und die Beiträge der einzelnen Spieler miteinander zu verschmelzen. Übertragen heißt das: Unternehmen ist Mannschaftssport und nicht Kugelstoßen. Oder, wie es Mercedes-Formel-1-Teamchef Toto Wolff sagt: »There's no ›I‹ in team.«

Fazit: Es geht nicht darum, Zeit darauf zu verwenden, absolute Ausnahmepersonen wie Isaac Newton oder Steve Jobs für Ihr Unternehmen zu gewinnen. Es geht vielmehr darum, das Unternehmen so zu bauen, dass Sie auf solche Menschen nicht angewiesen sind. Finden Sie bei der Personalauswahl *Mannschaftsspieler*. Seien Sie konsequent und trennen Sie sich, wenn Mitarbeiter das Unternehmen als Ego-Prothese missbrauchen.

16.

Anerkennen. Alle Menschen wollen anerkannt werden. Und nichts ist so motivierend, wie in dem Gefühl zu leben, gebraucht zu werden. Das ist das Wissen »Es kommt auf mich an!«. Forscher erklären das mit der evolutionären Notwendigkeit zur Kooperation. In vielen Situationen des Lebens wären wir verloren ohne die Hilfe anderer. Nun, wie können Sie als Führungskraft den Einzelnen anerkennen? Wie können Sie dabei vermeiden, in die alten Verkindlichungspraktiken wie etwa das Loben zu verfallen, die einem Papa-und-Mama-Modell von Führung verpflichtet sind? Je mehr persönlicher Kontakt, desto geringer der Bedarf nach Lob. Das meint: Zeit miteinander verbringen, über Nichtgeschäftliches sprechen, sich interessieren für die Lebensumstände des anderen, aufmerksam sein, grundsätzlich freundlich sein. Dieses Anerkennen bezieht sich naturgemäß auf den Einzelnen, sollte sich aber auf den *Beitrag zum Gemeinsamen* konzentrieren. Auch ein »Ich freue mich, dass Sie bei uns sind« ist auf Augenhöhe. Damit Sie mich nicht missverstehen: Es geht hier nicht um »bedingungslose« Zuwendung. Aber von sich selbst werden Sie wissen, dass Sie erst dann konzentriert und kreativ arbeiten, wenn Sie nicht ständig um Anerkennung kämpfen müssen.

Mein Plädoyer: Anerkennen Sie *keine Einzelleistung*. Stellen Sie bei Anerkennung jedweder Art immer klar, dass es eine Teamleistung war. Im Unternehmen gibt es *nur* gemeinsame Leistungen. Wenn Ihnen das zu radikal klingt, bitte ich Sie, darüber nachzudenken und sich nicht an der Wortwahl zu stoßen. Arbeit in einer Kooperationsarena ist ein dauerndes Geben und Nehmen. Wer heute Ressourcen benötigt, wird in der nächsten Situation andere unterstützen. Das war schon immer so. Gilt aber umso mehr für crossfunktionale Teams. Das, und nur das, ist das »Mindset« der Kooperation in digitalen Zeiten.

17.

Ende der Party. Ich frage mich oft, warum es bezüglich der Boni nicht wirklich zu einem Wechsel der allgemeinen Praxis kommt. Natürlich kann ich mir einiges erklären: Trägheit zum Beispiel. Wir bleiben auf Partys, auch wenn sie uns anöden. Wir pflegen Beziehungen, derer wir längst überdrüssig geworden sind. Wir lesen Bücher zu Ende, obwohl sie uns nach 30 Seiten langweilen. Wir halten an Jobs fest, die uns schon lange keinen Spaß mehr machen. Auch in der Ökonomie: Sowohl die britische wie die französische Regierung hielten an der Entwicklung des Überschallflugzeugs Concorde fest, obwohl die Kosten ins Unermessliche stiegen und ein wirtschaftlicher Erfolg unwahrscheinlich war (das könnte dem Berliner Flughafen auch passieren). Die Tengelmann-Gruppe hielt viele Jahre an ihren Selbstbedienungsläden fest, obwohl sie unrentabel waren. Und ich gehöre zu jenen, die sich nicht von ihren schlechtlaufenden Aktien trennen, weil sie den Kursverlust nicht realisieren wollen. Vergleichbares können wir auch über die Hartnäckigkeit sagen, mit der wir an ökonomischen Ideen festhalten – weil sie mit den Jahren Teil unserer beruflichen Identität geworden sind.

Zu den Ideen für den Mülleimer gehört auch der Zusammenhang zwischen variabler Bezahlung und Leistung – kurz: Boni. Es ist ein Märchen, dass das Talent eines Einzelnen den wesentlichen Unterschied macht und entsprechende Saläre rechtfertigt. Ich wiederhole es, auch auf die Gefahr hin, Sie zu nerven: Unternehmen sind um die Idee der Kooperation herum gebaut. Gerade unter digitalen Bedingungen gilt es, das »Wir« zu stärken.

Das Gehaltssystem ist das Rückgrat einer Organisation. Ein kurzer Blick auf das System genügt, um zu wissen, was unter Leistung verstanden wird: vorrangig Einzelleistungen. Das ist in dynamischen Märkten mit vielen unberechenbaren Faktoren unzeitgemäß. Zudem: Wenn eine Abteilung für Effizienz bezahlt wird und eine andere für Lieferfähigkeit, werden die beiden nie kooperieren. Diese Verspannungen zwischen den Abteilungszielen sind bisweilen sogar gewollt und gefördert. Sie zu lösen wäre in manchen Unternehmen das Lebenswerk von Masseuren. Anschließend appelliert man an den Teamgeist. Grotesk.

Ein Beispiel aus der Praxis: Ein Verkaufsberater sitzt im Kundengespräch. Man plaudert über dieses und jenes, über ein neues Konzept. Ganz nebenbei lässt der Kunde fallen, dass er gerade dabei ist, ein weiteres Projekt zu planen. Dieses Projekt ist aber fachlich ganz anderer Natur und fällt nicht in den Kompetenzbereich des Beraters. Der überhört diesen Hinweis, gar nicht böswillig, nicht einmal fahrlässig. Er hat nur persönlich keinen Vorteil davon, wenn er dieses schwache Signal aufgreift. Scheinbar. Denn sein Unternehmen (und damit mittelbar auch er) hätte durchaus einen Vorteil. Aber sein Bonus-Schema erzeugt einen Tunnelblick: nur auf das zu schauen, was direkte Konsequenzen in seiner Brieftasche hat. Unter diesen Umständen können Sie noch so sehr zu »Cross-Selling« aufrufen.

Wenn Sie wirklich Verantwortung für das Ganze wollen, dann ist ein Preis fällig: das Ende des individuellen Antreibens. In digitalisierten Unternehmen geht es um Kooperation und ständiges Lernen. In einer dynamischen Arbeitswelt ist auch der Erfolg nicht planbar – zu rasch verändern sich die Märkte und überholen sich die Geschäftsmodelle. Eine individuelle Bonuskultur passt da nicht mehr.

Nun wollen viele Mitarbeiter eine leistungsdifferenzierte Bezahlung. Mit Recht verweisen sie darauf, dass man Leistung mit digitalen Mitteln sehr genau messen kann. Dennoch, es hilft nichts, Sie müssen sie an das Commitment für Kooperation erinnern (siehe oben). Sie müssen ihnen klarmachen, dass es nicht um individuelle Leistung geht, sondern um den gemeinsamen Erfolg.

Und es gibt Licht am Ende des Boni-Tunnels. Die Liste der Unternehmen wächst, die sich von individuellen Boni verabschieden. Viele KMUs lassen seit einiger Zeit schon den Einzelkämpfer leer ausgehen. Auch Konzerne reagieren auf digitale Kooperationsverhältnisse. Als einer der Ersten hat Bosch schon 2015 seine Bonusregeln entsprechend geändert. Auch SAP, Infineon und Lanxess haben Konsequenzen gezogen. Was ich Ihnen empfehlen kann, lässt sich in einem Satz zusammenfassen: Verlassen Sie die Party frühzeitig! Verscheuchen Sie die Beratungsindustrie, die Ihnen immer ausgefeiltere Individualmodelle verkauft. Unter digitalen Bedingungen des starken »Wir« haben individuelle Boni nichts zu suchen.

18.

Beteiligen statt steuern. Man muss sich den symbolischen Überhang von Managemententscheidungen immer wieder bewusst machen: Jede Entscheidung sagt immer auch etwas über die wünschenswerte Weise der Kooperation. Hohe Einkommensunterschiede innerhalb einer Mannschaft zum Beispiel unterstreichen das vertikale Prinzip und den Vorrang des Einzelnen vor dem Ensemble. Das andere Extrem – »Wir verdienen alle dasselbe« –, wie es als Kollektivschlafsack bei einigen Start-ups ausprobiert wird, halte ich für falsch. Wenn Sie das »Gemeinsam Gewinnen« betonen wollen, dann darf es nicht sein, dass Mitarbeiter untereinander konkurrieren. Dann müssen Sie Ihr Geldsystem auf Kooperation umstellen.

Im digitalen Zeitalter der Teams und Netzwerke gilt (ich wiederhole mich gern, weil es mir wichtig ist): Wenn wir gut gearbeitet haben, dann haben *wir alle* gut gearbeitet. Innendienst und Außendienst, Zentrale und Dezentrale, Oben und Unten. Dann hat jeder, der im Unternehmen mitarbeitet, seinen Beitrag geleistet. Dann sollte auch jeder im Unternehmen Partner sein – im Plus und Minus. Ich plädiere daher für durchaus unterschiedliche Gehälter, aber für eine allgemeine *Beteiligung* am Unternehmensergebnis. Der Daimler-Konzern hat bereits die Bonus-Zahlungen für seine Führungskräfte geändert. Statt am persönlichen Erfolg orientiert sich der Bonus am Gewinn des Unternehmens oder eines Geschäftsbereichs. Der Personalvorstand Wilfried Porth sagte der Stuttgarter Zeitung im Dezember 2016: »Wenn das Unternehmen keinen Erfolg hat, dann nützt uns die Diskussion über die persönliche Zielerreichung auch nichts.«

Beim Projekt Leadership 2020, das die Kooperation der Führungskräfte bei Daimler fördern soll, heißt es: »Ziele werden als Team erreicht.« Und dass es wünschenswert wäre, wenn sich möglichst viele Mitarbeiter auch finanziell am Unternehmen beteiligen, liegt auf der Hand.

Resümee: Wer Zusammenarbeit fordert, darf bei der Entgeltfindung nicht den Einzelkämpfer begünstigen. Das Entlohnungssystem ist der Prüfstein für die Glaubwürdigkeit der Unternehmensleitung und Ihr Engagement für die Kooperation.

19.

<u>Gemeinsame Ziele.</u> In Ihrem Berufsalltag werden Sie oft erleben, dass man ganz allgemein ja schon kooperieren will, dass man »eigentlich« gute Absichten hat, aber es irgendwie nicht klappt. Das können Sie menschlicher Schwäche attribuieren. Das können Sie auch anders erklären: Wer individuelle Ziele hat, wird diese verfolgen. Er wird nur im Notfall mit anderen kooperieren, wird nicht Erfahrungen und Wissen mit anderen teilen, im schlechteren Fall wird er sogar bestehende Vertrauensverhältnisse ausbeuten.

Erlauben Sie mir die vollmundige These: Klassische Zielvereinbarungen werden dem digitalen Zeitalter nicht gerecht. Sie

- sind aus Misstrauen geboren
- erzeugen hohen Verwaltungsaufwand
- sind träge und unelastisch
- ignorieren qualitative Leistungsdimensionen
- isolieren den Einzelbeitrag unzulässig aus der Gesamtleistung
- fokussieren nach innen (zum Gehalt) statt nach außen (zum Kunden)
- führen nach Zielerreichung zum Leistungsabfall
- schädigen das Kooperationsklima

Das habe ich an anderer Stelle vielfach ausgeführt. Hier will ich nur hinzufügen: Oft werden Mitarbeiter für die Arbeit in crossfunktionalen Digitalprojekten nicht freigestellt, weil man ohne sie die Ziele der »Stammabteilung« nicht erreichen kann.

Also abschaffen? Ja! Schon aus Gründen der Kundenfeindlichkeit, wie ich im vorherigen Kapitel ausgeführt habe. Das heißt aber nicht, dass Sie nicht über Ziele sprechen können. Aber Ziele sollten Energien bündeln, Richtungen weisen, Aufmerksamkeit fokussieren. Nicht Belohnen und Bestrafen. Sie sollten nicht an Boni gekoppelt sein, nicht missbraucht werden, um Geld zu verteilen. Und sie sollten tendenziell *gemeinsame* Ziele sein, keine Einzelziele. So wie die Sprint-Ziele in der Software-Entwicklung durchaus operativ hilfreich sein können, wenn der Weg dorthin dem Team überlassen bleibt. Zukunftsweisender als »Kontrolle durch Ziele« ist es, optimale Rahmenbedingungen für Kooperation zu gestalten, die Vernetzungsdichte zu steigern, Netzwerkbildung zu ermöglichen. Und noch etwas: Allen obengenannten Nachteilen der klassischen Zielvereinbarungen können Sie entgehen, wenn Sie das *Kundenproblem* zum gemeinsamen Ziel machen. Im Kundenproblem, davon bin ich überzeugt, kümmern sich alle anderen Ziele um sich selbst – das ist die unsichtbare Hand, die das Einzelne zum Gemeinsamen verknüpft. Vertrauen Sie Ihren Mitarbeitern. Vertrauen Sie sich!

20.

Kombination statt Addition. »Jeder Neue muss das Spiel als das verstanden haben, was es ist: ein Mannschaftsspiel. Ich würde niemals ein Arschloch verpflichten, das überragend kicken kann.« Ich hoffe, Sie können diese poetische Aussage des Fußballtrainers Jürgen Klopp vertragen. Sie weist auf etwas hin, was auch für Unternehmen gilt: Eine Sammlung von guten Leuten mündet nicht automatisch in Kooperation, schon gar nicht, so jedenfalls meine Erfahrung, wenn sie nerdige Digitalos sind. Im Gegenteil: Diese Leute sind häufig egozentrisch und schwierig. Und sie bekämpfen sich oft wie Hund und Katze. Unternehmen funktionieren vielmehr durch *Kombination*, nicht durch Addition. Durch die Verknüpfung der richtigen Talente und Temperamente.

Ohne Umschweife zum Rezept: Kooperation zuerst! Teamfähigkeit vor Fachlichkeit! Wählen Sie Menschen aus, die zusammenarbeiten *wollen*. Und *können*. Die nicht nur einen Job brauchen, sondern die sich ein Unternehmen eben wegen der Möglichkeit verstärkten Zusammenwirkens ausgesucht haben. Leute, die das Anderssein des anderen nicht als Bedrohung erleben, sondern als Bereicherung. Stellen Sie keine Leute ein, die von der Sache viel verstehen, aber die Kooperation torpedieren. Das gilt auch für Digital-Experten. Es hilft Ihnen nicht, wenn diese vor sich hin fremdeln. Oder als Experten nur andere Experten für satisfaktionsfähig halten. Spezialisten drängt es immer zu ihresgleichen. Arbeit ist aber, worin man *mit anderen* übereinkommt. Fachliches kann man lernen, da kann man nachbessern. Kooperation jedoch ist eine Einstellung, eine innere Haltung. Und Einstellungen sind kaum veränderbar. Schon gar nicht von außen: Der Mensch ist zwar lernfähig, aber unbelehrbar. Zudem sind der Wille und die Fähigkeit zur Kooperation eine seltene Kombination. Falls Sie sie finden, tun Sie alles, damit sie zu Ihnen kommt und bei Ihnen bleibt. Also: Suchen Sie nicht exzellente Leute, sondern *passende* Leute. Leute, die fachlich einen Unterschied machen und dennoch kommunikativ koppeln.

Eine weitere Erfahrung, die ich Ihnen ans Herz legen möchte: Unter digitalen Bedingungen ist es vorteilhaft, Bewerber auszuwählen, die nicht aus der Branche kommen. Sie haben frische Augen, können weit besser abstrahieren als jene, die ihr Leben lang auf ihrem Gebiet tätig waren. Sie sind von keiner Vergangenheit belastet; das ist für das Umstellen auf Digitales ausgesprochen hilfreich.

Ein letzter Gedanke noch: Die umworbenen *digital natives* sind schwer zu bekommen. Und noch schwerer zu halten. Manche Firmen rechnen gar mit Umsatzeinbußen mangels geeigneter Fachkräfte. Deshalb sind Ideen gefragt auf der Suche nach qualifizierten Mitarbeitern. Viele Unternehmen gehen den Weg des »Acqui-Hiring«, der Akquisition ganzer Start-ups. Andere gründen Digitallabore in Hochschulstädten: Berlin, Tel Aviv, Shanghai. Aber warum sich nicht mit Konkurrenten verbünden? So wie im münsterländischen Telgte sich mehr als 100 Unternehmen zusammengetan und eine gemeinsame Internetseite ins Leben gerufen haben. Dort empfehlen Unternehmen diejenigen Bewerber weiter, die sie zwar nicht eingestellt haben, aber dennoch für qualifiziert halten. Warum den »War for Talents« blutig austragen, wenn man auch als Konkurrenten kooperieren kann?

21.

Mitsprachepflicht. Gerade in Krisenzeiten neigen viele Unternehmen dazu, einzelne Führungskräfte mit besonders viel Entscheidungsbefugnis auszustatten. Tatsächlich werden dadurch Entscheidungen schneller gefällt. Sind die Entscheidungen dann auch besser? Eine Forschergruppe der University of Texas in Dallas hat die Börsenwerte von zweitausend Aktiengesellschaften zwischen 1992 und 2009 analysiert und die Ergebnisse in Group & Organization Management veröffentlicht. Das Ergebnis: Die Börsenwerte der Unternehmen sanken prinzipiell, wenn Firmen die Entscheidungsmacht auf ein oder zwei Menschen konzentrierten. Zwar wurde in der Tat schneller entschieden, aber auf geringer Informationsbasis. Diese stände auf breiteren Füßen, wenn ein größerer Kreis von Mitarbeitern an den Entscheidungen beteiligt wäre. Die wichtigste Erkenntnis aber: Entscheidungen wurden *langsamer umgesetzt*, weil unbeteiligte Mitarbeiter in den kalten Widerstand gingen. Nicht, weil sie sachliche Vorbehalte hatten, sondern weil sie nicht einbezogen wurden.

Man muss keine ideologischen Kämpfe zwischen Schwarmintelligenz und Schwarmdummheit ausfechten – Argumente gibt es genug für beide Seiten. Aber wir sollten die Zeichen der Zeit ernstnehmen. Da gilt: Jeder Einzelne ist für Kooperation verantwortlich. Führungskräfte und Mitarbeiter gleichermaßen. Ich möchte an dieser Stelle noch deutlicher werden: Das alte Industrie-Paradigma kannte noch das Mitspracherecht. Das war herablassend. Und in digitalen Zeiten reicht das nicht mehr. Wir brauchen die *Mitsprachepflicht.* Jeder muss sich einbringen, jeder muss mitgestalten, jeder ist verantwortlich. Freiheit ist nicht von Verantwortung zu entbinden. Und diese Freiheit ist kein Zustand, sondern eine Zuständigkeit. Die Zuständigkeit jedes Einzelnen.

Mein Rat: Fordern Sie Mitsprachepflicht ein. Stellen Sie Entscheidungen auf möglichst breite Basis. Dann müssen Sie weniger durchsetzen – und können schneller umsetzen. Ganz nebenbei, die würdelose Mitarbeiterbefragung, die noch von einem passiven und schweigenden Mitarbeiter ausging, die kann jetzt weg, einverstanden?

22.

<u>Schmidt Schnauze.</u> »Dem Mangel an Kommunikation unter den Menschen steht ein ungemein gewachsenes Angebot an Kommunikationsmöglichkeiten gegenüber.« Raten Sie mal, wer das schrieb! Der ehemalige Bundeskanzler Helmut Schmidt im Mai 1978 als Warnung vor der »Glotze«. Um wie viel mehr müssen wir heute unter diesem Missverhältnis leiden!

Als Steve Jobs am 09. Januar 2007 das erste iPhone vorstellte (»One device!«), konnte niemand ahnen, wie sehr dieses Gerät unsere Kommunikation verändern würde. Aus dem mobilen Telefon war ein tragbarer Minicomputer geworden. Der weist heute die 120-fache Leistung jenes Rechners auf, der das Apollo-Programm der NASA steuerte. Vor allem aber war das iPhone eine Schreibmaschine. Mit den alten Nokia-Knochen wurde wenigstens noch gesprochen. Mit den Smartphones ist das nicht mehr nötig. Stattdessen wird geschrieben, gemailt, gechattet, gepostet, mit Emoticons vorne und hinten. Wir kommunizieren unaufhörlich – und *sprechen* immer weniger miteinander. Wir wissen jetzt auch viel voneinander – manchmal zu viel. Kennen wir einander deshalb besser?

Ich habe da Zweifel. Schon gar nicht lernen wir, uns auf den anderen zu beziehen. Die niedrigschwellige Verlockung, mal kurz eben etwas per E-Mail, Twitter oder WhatsApp zu senden, lässt Beziehungen immer unpersönlicher werden. Verständigung läuft nicht mehr direkt, sondern als Dreieck über ein Gadget. Dieses erlaubt jedoch keine Dialoge mehr, sondern nur die Aneinanderreihung von Statements. Gadgets flechten keine Gespräche, gehen auf keine mimische Reaktion ein, bemerken das Feinstoffliche nicht, keinen Tonfall, kein Zögern, kein Seufzen, kein Räuspern, keine Freude. Gemeinsame Wirklichkeit ist so nicht zu gestalten.

Diese Modernisierungsverluste müssen wir kompensieren.

Zunächst, dringende Empfehlung: Alles Konflikthafte gehört nicht ins Digitale. Viele Konflikte entstehen überhaupt erst, weil man schreibt, aber nicht mehr spricht. Falls Sie einen Menschen nicht persönlich ansprechen können, greifen Sie wenigstens zum Telefon. Dann können Sie auf seine hörbare Reaktion eingehen. Am wichtigsten scheint mir allerdings, so viele Situationen wie möglich zu schaffen, in denen Sie wirklich miteinander sprechen. Nicht ritualisiert, sondern spontan und ergebnisoffen. Wenn Verbindlichkeit gewollt ist, dann erzeugen Sie diese nur, wenn Sie sich in die Augen sehen. Das sprechende Gesicht war schon immer dem sprechenden Mund überlegen. Also: Gadgets aus.

Machen Sie mal folgende Kommunikationsübung: Zwei Partner, ein beliebiges Thema, mindestens zwei Minuten insgesamt, jeder einen Satz. Der anschließende Satz beginnt mit dem letzten Wort des Vorredners. So lernt man, sich wirklich auf den anderen zu beziehen. Nicht »über« ein Thema zu sprechen, sondern »zum« anderen, auf ihn zu.

23.

Digitaler Autismus. Die Anthropologie hat Interessantes zum Ursprung der menschlichen Sprache zutage gefördert. Die frühen Menschen lebten in kleinen Gruppen von bis zu 20 Mitgliedern. Beziehung, Vertrauen und Zugehörigkeit wurde weitgehend über Körperkontakt hergestellt: Anfassen, Kraulen, Streicheln. Als die Gruppengröße wuchs, war Körperkontakt nicht mehr möglich. Man musste räumliche Distanzen überwinden. Das Anfassen wurde durch akustische Signale wie Grunzlaute ersetzt. Daraus entwickelte sich die menschliche Sprache. Die Ursprungsfunktion der Sprache ist also nicht das Senden von Sachinhalten, sondern der Aufbau und Erhalt von *Beziehung*. Smalltalk, das scheinbar ziellose Dahinplätschern des Gesprächs in Gängen und Büros ist nicht überflüssig, sondern für Gemeinsamkeit und Wir-Identität basisgebend. Nichts ist weniger überflüssig als das Überflüssige. Es wäre ahnungslos zu glauben, wir könnten unser biologisches Gepäck abwerfen, nur weil wir digital verbunden sind.

Lauschen Sie Ihrer eigenen Sprache wie auch dem allgemeinen Sprachgebrauch in Ihrer Firma. Nehmen Sie sich mit Ihren Kollegen ausreichend Zeit und fragen Sie: Welche Worte und Redewendungen unterlaufen bei uns den Kooperationsvorrang? Um Ihnen ein Beispiel zu geben: Wenn Sie hören »Das ist nicht mein Problem!« – schreiten Sie energisch ein! Hier ist offenbar das Bewusstsein für den *Kooperationsvorrang* im Unternehmen geschwächt. Im Fußball würde man sagen: Warte ich darauf, dass der Ball zu mir kommt? Oder biete ich mich aktiv für ein Zuspiel an? Sie sollten bei jeder Präsentation das »Wir« in den Vordergrund rücken. Ein echtes Wir, keines, das »Wir« sagt und »Ich« meint. Lassen Sie nicht zu, dass das soziale Band im Unternehmen sprachlich zerschnitten wird. Verhindern Sie digitalen Autismus!

24.

Entrümpeln. Beim Thema Kulturwandel zu mehr Kooperation ist die Erfolgsquote von Change-Projekten katastrophal: Maximal 10 bis 20 Prozent der Projekte, so sagt die Organisationsforschung, sind erfolgreich. Warum so wenig? Weil zu viel zu schnell erwartet wird. Und weil das Verhalten der Menschen den Institutionen folgt, nicht umgekehrt. Institutionelle Entscheidungen prägen das Verhalten, nicht mentale Programme.

Entrümpeln – können Sie sich erinnern? Das Thema hatten wir schon bei der Wiedereinführung des Kunden ins Unternehmen. Das ist bei der Wiedereinführung der Kooperation unvermindert aktuell. Alle Digitalisierungs-Ratgeber empfehlen Ihnen, dies oder das zu tun. Wenn es Ihnen um Wirkung geht, dann sollten Sie freilich den Fehler vermeiden, Ihr Unternehmen mit den Neuanlieferungen tausendfachen Beraterblödsinns zuzumüllen. Tun Sie vielmehr das Gegenteil. Tun Sie das, was weh tut, was aber wirkungsvoll ist: Entrümpeln. Fragen Sie mit der positiven Kraft des negativen Denkens:

- Was macht Kooperation in unserem Unternehmen unwahrscheinlich?
- Was erschwert das zusammenarbeiten?
- Was lässt uns unkooperativ und egoistisch werden?
- Welche Institutionen und Instrumente stimulieren das Gegeneinander?

Meine Empfehlung: Bevor Sie etwas hinzufügen – priorisieren Sie das Aufräumen. Schaffen Sie alles zur Seite, was den Wettbewerb im Unternehmen anheizt. Entrümpeln, darum geht es – *destroy to reconstruct.*

25.

Team-Workshop. Mitarbeitergespräche mögen ihre Berechtigung haben, wenngleich sie aus den starren Strukturen alter Schornsteinindustrien stammen. Aber sie haben mit Blick auf Kooperation eine Schwäche: Sie fokussieren auf die Beziehung Chef/Mitarbeiter. Es entsteht der Eindruck, der Mitarbeiter arbeitet »für den Chef«. Und das wollen Sie doch nicht, oder? Sonst würden Sie das hier gar nicht lesen. Sie dürfen als Führungskraft, wenn Sie in digitalen Zeiten bestehen wollen, nicht der Adressat der Mitarbeiterleistung sein. Das muss der Kunde sein. Dessen Reaktion ist die einzig wichtige.

Eine weitere Schwäche des herkömmlichen Mitarbeitergesprächs: Die Wechselwirksamkeiten im Team werden ausgeblendet. Das ist unterkomplex und deshalb irreführend. Oft fällt z. B. der Name eines Dritten, der nicht anwesend, aber für die Kooperation relevant ist.

Ich will aber noch einen Schritt weiter gehen: Die Einzelleistung eines Mitarbeiters sollte Sie nur am Rande interessieren. Es nützt Ihnen nichts, wenn ein Mittelfeldspieler doppelt so viel gerannt ist wie seine Mitspieler, aber Ihr Team 0:3 verloren hat. Wenn Sie Ihr Team in diesem Sinne als *Leistungspartnerschaft* begreifen, dann greifen bilaterale Gespräche zu kurz. Also, weg damit. Ist es darum schade? Eben.

Eine Alternative dazu, mindestens ein ergänzendes Rezept, ist der *Team-Workshop*. An einem ruhigen Ort und von einem guten Moderator geleitet, können Sie so gemeinsam über die Kooperation der ganzen Einheit sprechen. Mitarbeiter können dieses »Möglichkeitsfenster« nutzen, um auch kritische Aspekte der Zusammenarbeit zur Sprache zu bringen. Dies sind denkbare Leitfragen: Welche Probleme lösen wir für unsere Kollegen? Was läuft dabei gut? Was nicht? Wo sind Engpässe? Was sollte geändert werden? Wichtig ist: Sie dürfen dabei keine Verlierer produzieren (auch Sie selbst dürfen keiner werden). Wenn Ihnen das gelingt, ist der Team-Workshop jedem Mitarbeitergespräch überlegen. Und wenn Sie es schaffen, auch einen oder mehrere Kunden dazu einzuladen, dann haben Sie die Aufmerksamkeit in die richtige Richtung gelenkt. Probieren Sie es aus! Es ist auch viel fröhlicher als ein Mitarbeitergespräch.

26.

Betriebsrat. Sie mögen die deutsche Mitbestimmung für einen Klotz am Bein halten oder für den Garant des sozialen Friedens. Sie mögen auch fragen, ob die Betriebsräte die Interessen der Mitarbeiter verfolgen oder doch eher ihre eigenen. Und es gibt sicher einige Betriebsräte, die ohne Nachdenklichkeit denken und sich angesichts digitaler Realität in engstirnige Abwehr verrennen. Fakt ist, dass viele Veränderungen im Unternehmen die Mitbestimmungsrechte berühren. Und dass die große Mehrzahl der Betriebsräte konstruktiv diese Veränderungen begleiten. Man erinnere nur die gemeinsamen Anstrengungen zur Bewältigung der Wirtschaftskrise 2009.

Was immer Sie zur Wiedereinführung der Kooperation ins Unternehmen tun, es ist hilfreich, den Betriebsrat frühzeitig einzubeziehen. Nicht nur, um späteren Widerstand gar nicht erst aufkommen zu lassen. Sondern weil er Ihr Partner sein kann: Oft kennen die Betriebsräte das Unternehmen seit etlichen Jahren, mitunter erheblich länger als das Management. Sie wissen daher um die entscheidenden Konfliktlinien. Damit lassen sich viele Schwierigkeiten umgehen. Wenn Sie also Akzeptanz und schnelle Umsetzung brauchen, sollten Sie auf diese Vertrauensressource nicht verzichten.

Ein Weg zur konstruktiven Zusammenarbeit: Veranstalten Sie gemeinsam mit der Arbeitnehmervertretung Vorträge und Workshops, etwa zum Thema »Moderne Arbeitswelten« oder »Agile Kooperation«. Diskutieren Sie gemeinsam die »Zukunft der Arbeit« in Ihrem Unternehmen. Werben Sie auch gemeinsam für die unermesslichen Möglichkeiten der Digitalisierung. Mitarbeiter als Partner! Qualifizierungsinitiativen! So können Sie kritische Auseinandersetzung und notwendigen Konsens absichern. Alle können gewinnen. Wenn wir kooperieren.

27.

Gemeinsame Zukunft. Ist echter Teamgeist in Organisationen eine Utopie? Kommt es zwangsläufig zu Eifersüchteleien und ungesundem Konkurrenzkampf? Nein, keineswegs. Wir haben oben schon etliche Aspekte genannt, die zusammenführen. Fehlt noch was? Ja. Fügen wir einen wichtigen Aspekt an: die Erwartung gemeinsamer Zukunft.

Alle sozialen Systeme – Familien, Freundeskreise, Unternehmen und eben auch Teams – präsentieren sich im Angesicht der Zukunft, die sie erwarten. Haben wir überhaupt eine gemeinsame Zukunft? Und wenn ja, ist die aufsteigender Linie? Oder absteigend? Halten wir nur durch, weil wir keine Alternativen sehen? Oder entscheiden wir uns bewusst jeden Tag neu füreinander? Schon die Lebenserfahrung zeigt, dass wir uns disziplinieren, wenn wir mit einem Menschen noch eine gemeinsame Wegstrecke vor uns haben. Und dass wir nachlässiger sind, wenn die Wahrscheinlichkeit groß ist, dass wir diesen Menschen nicht wiedersehen. So wie ein ganzes Filmgenre davon lebt, dass sich die gemeinsam erfolgreichen Bankräuber beim Verteilen der Beute wieder in Hyänen verwandeln. Oder beim Wort »Scheidung« der Rosenkrieg ausbricht.

Für Unternehmen wird die Erwartung gemeinsamer Zukunft immer wichtiger, auch wenn das fast unzeitgemäß erscheint. Lassen Sie sich nicht vom Gerede über hypermobile Generationen blenden: Alle Menschen wollen eine berufliche Heimat haben, wenigstens eine Zeitlang. Und in der digitalen Welt kann der Sinn der Organisation nicht mehr vergangenheitstrunken aus Traditionsstolz geschöpft werden, sondern nur noch aus einer gemeinsamen Zukunft. Digitalisierung bedingt Langfristigkeit – eine weitere Paradoxie der Arbeitswelt, die einer vertiefenden Untersuchung wert wäre.

Teamgeist entsteht, wenn es Ihnen gelingt, das Unternehmen

als eine *sachlich notwendige* und *emotional gewollte* Solidargemeinschaft mit Blick auf eine gemeinsame Zukunft zu gestalten. Dieser Gedanke ist elementar, wollen Sie die digitale Herausforderung annehmen, d. h. wollen Sie eine veränderungsbereite und -fähige Organisation schaffen. Sie haben ja diejenigen zum Gegner, die aus dem Herkömmlichen ihre Vorteile ziehen. Und das sind vorrangig die Führungskräfte selbst.

Für Umstellungen, die notwendig mit der Digitalisierung einhergehen, bekommen Sie vielleicht keinen Beifall. Aber Respekt. Vor allem dann, wenn Ihre Mitarbeiter und Kollegen ihr langfristiges Selbstinteresse gewährleistet sehen. Mein Rat: Zeigen Sie immer wieder, dass die digitale Transformation ein Beitrag zur Überlebenssicherung ist. Machen Sie deutlich, dass es um Investitionen in eine *gemeinsame Zukunft* geht. Dann können die Belastungen, die mit gewissen Entscheidungen verbunden sind, für den Einzelnen zustimmungsfähig sein. Zukunftsfähigkeit ist »digitale Transformation + gemeinsame Zukunft«. Das ist gleichzeitig der Minimalkonsens, der Ihrer Führung die Gefolgschaft sichert.

28.

Frischer Wind aus Start-ups. »Niemand kann mehr sagen, wo unser Unternehmen eigentlich aufhört«, sagte schon 2010 Peter Waser, der damalige CEO von Microsoft Schweiz. Man könne formal von 500 Menschen reden; oder von 40 000, die eine Wertschöpfungskette bilden; oder auch aufhören zu zählen, wenn man alle Netzwerke einbeziehen wolle.

Eine solche Sichtweise ist vergleichsweise neu. Firmen waren früher Trutzburgen. Oft hatte ich den Eindruck, ich betrete Fort Knox, wenn ich z. B. die Verwaltung eines Pharmakonzerns betrat. Die betonierten Festungsanlagen, die den Besucher beeindruckten, hatten eine Entsprechung im Mentalen: Jede kleinste Idee behielt man für sich.

Das hat sich geändert. Heute heißt es: Schluss mit den Scheuklappen! Viele Traditionsfirmen kooperieren mit Universitäten und Tech-Communities. Vor allem kaufen sie sich Digitalkompetenz – sie werden Mehrheitsaktionäre bei Digitaldienstleistern. Etwa der Papiermaschinenhersteller Voith bei der Digitalagentur Ray Sono. Das ist von beiderseitigem Vorteil. Der Dienstleister kann sein bisheriges Geschäft weiterentwickeln; aber der Traditionskonzern wird Premiumkunde, mit dem zusammen Industrie 4.0 erarbeitet wird. Diese Expertise wird dann wiederum dem Dienstleister zur Verfügung gestellt – eine strategische Kooperation, die Wachstumspotenzial für das Kerngeschäft beider Partner bietet. Adidas hat sich mit Runtastic einen Partner eingekauft, dessen Umsatz vergleichsweise unerheblich ist, der aber Erkenntnisse über das Trainingsverhalten von Millionen Sportlern liefert. Die großen Autobauer kaufen sich in alle möglichen Mobilitätsdienstleistungen ein – auch in solche, die sie bedrohen. Selbst ein so traditionsreiches Unternehmen wie die Tengelmann-Gruppe hat sich an etlichen kleinen Start-ups beteiligt. Und Siemens hat für etwa 10 Milliarden Euro

15 Software-Firmen akquiriert, die dem offenen Betriebssystem MindSphere die Basis bieten. Siemens als Software-Konzern mit angeschlossener Industrieabteilung? Das Unternehmen gehört mit seinen 23 000 Programmierern zu den zehn größten Software-Herstellern der Welt. Seine »Digital Factory« erwirtschaftete 2016 einen Umsatz von 11,4 Milliarden Euro, einen Gewinn von knapp 19 Prozent. Damit war er der profitabelste Geschäftszweig des Konzerns. Das wird öffentlich kaum beachtet.

Die Argumente für diese Entwicklung liegen auf der Hand: Die Firmen bekommen einen Fuß in die Zukunftsmärkte. Vor allem aber, und fast wichtiger noch, lernen Mitarbeiter und Führungskräfte der etablierten Unternehmen digitales Denken und Arbeiten. Sie entwickeln ein Gefühl für Agilität, für Kooperation, die barrierefrei und direkt ist. So kann man die digitale Transformation in den Unternehmen beschleunigen.

Wenn Sie einen Digitalisierungs-Turbo brauchen, dann ist das ein empfehlenswerter Weg: Kooperieren Sie eng mit Startups! Seien Sie offen für alle Formen der Kooperation: von der lockeren Zusammenarbeit über die Beteiligung bis zur vollständigen Akquisition. Sie können auch interne Teams mit externen »Transformation Labs« kombinieren, die sich wiederum externen Spezialisten öffnen. Gerade wenn Sie Marken und analoge Produkte (etwa Putzmittel) in die digitale Welt überführen wollen, müssen Sie sich mit Aspekten befassen, die im herkömmlichen Produktentwicklungsprozess keine Rolle spielen. Partnerschaften mit außenstehenden Digitech-Firmen sind dafür eine Lösung. Dennoch will ich Ihnen einen Fallstrick nicht verheimlichen: Die Digitalprofis sind jung. Sehr jung sogar. Das stellt Sie vor Herausforderungen, die von anthropologischem Gewicht sind. Wie Sie damit umgehen, steht auf der nächsten Seite.

29.

Alt und Jung. Traditionell ist das Alte das Höherrangige; das Junge musste sich die Sporen erst noch verdienen. Bei schwierigen Bergtouren nimmt man selten Menschen unter 25 Jahren mit (dagegen habe ich schon als 12-jähriger rebelliert). Bei vielen autochthonen Völkern zählt sogar ausschließlich der Faktor Alter.

Im Unternehmen ist der klassische Fall ein älterer Chef und ein jüngerer Mitarbeiter. Dann sind die Dinge in Ordnung. Traditionell wird Wissen von Alt nach Jung weitergegeben. In digitalen Zeiten ist es jedoch oft umgekehrt: Wissen wird eher von Jung nach Alt weitergegeben. Nur selten wird der Wein der digitalen Wahrheit aus Spätlesen gekeltert.

Diese Kehrung sollten Sie in ihrer evolutionären Wucht nicht unterschätzen. Zudem werden Universitätsabsolventen heute früher fertig, strömen auf den Arbeitsmarkt und machen mit einer frühvergreisten Mischung aus Ausbildung und Ehrgeiz schnell Karriere. Schlecht für jene, die schon ein langes Berufsleben hinter sich haben.

Die Digitalisierung verschärft diese Gemengelage. Je nach Sichtweise und Generationenbegriff arbeiten heute vier Generationen gleichzeitig im Unternehmen. Mit Konsequenzen: Die älteren Mitarbeiter bevorzugen eher Einzelbüros; die jüngeren sind weniger festgelegt. Die älteren bevorzugen geregelte Arbeitszeiten; die jüngeren entscheiden selbst, wann und wo sie arbeiten. Oft gibt es neue Berufe, von denen die älteren Mitarbeiter nicht mal den Titel verstehen. In manchen Branchen spricht man gar vom »Methusalem-Problem«, drastisch ausgedrückt vom Schweizer Ökonom Thomas Straubhaar: »In Kinderzimmern findet sich mehr digitale Kompetenz als in den Chefetagen der Wirtschaft.« Und auch die Anforderungen ändern sich: Digitale, agile und flexible Kooperation wurde den Älteren nicht in die Wiege gelegt. Manche fürchten sich vor dem Know-how der *digital natives*, sehen gar ihren Job bedroht. Hinzu kommen Mentalitätsunterschiede: Alter und Erfahrung legen das Schweigen nahe. Die Jüngeren, gewöhnt an Dialog und Diskussion, schon von Kindesbeinen an gut gepolstert und gelobt für ihre bare Anwesenheit, wollen weitergelobt werden und nennen es Feedback. Sie haben zudem Mühe, dass ältere Kollegen über eine Zukunft entscheiden, die diese gar nicht mehr selbst erleben werden.

Nicht zuletzt: Auch Führung per Anweisung funktioniert nicht mehr. Für die neuen Generationen stellen nicht klassische Hierarchien das gewohnte Modell der Zusammenarbeit dar, sondern die Strukturen des Internets. Dort gibt es zwar auch Hierarchien, doch sind die von unten nach oben entstanden. Nicht umgekehrt. Im Netz hat Einfluss, wem andere freiwillig folgen. Orden und Ehrenzeichen spielen keine Rolle. Von den Jungen ist zu hören: »Wir werden von den etablierten Mitarbeitern geradezu gehasst.« Umgekehrt tönt es: »Die jungen Schnösel schauen verächtlich auf uns herab.« Sie sehen: ein ganzes Tableau von Konflikten.

Was können Sie tun? Die Störung des Burgfriedens werden Sie im Einzelfall nicht verhindern. Aber Sie können dagegenarbeiten. Weil Sie beides brauchen: Alte und Junge, tiefes Wissen plus neue Ideen, Erfahrung plus Neugier. Seien Sie sensibel für diese Konflikte. Adressieren Sie die Problemlagen initiativ und offen. Werben Sie für wechselseitiges Verständnis. Machen Sie klar, dass alle aufeinander angewiesen sind. Dass das Neue keine Chance hätte, wenn das Alte es nicht trägt. Dass das Alte keine Chance hätte, wenn das Neue es nicht in die Zukunft führt – eine Zukunft, von der wir nur wissen, dass sie nicht die Verstetigung der Gegenwart ist. Machen Sie auch klar, dass neue Themen nicht automatisch etwas für junge Mitarbeiter sind; auch die älteren Mitarbeiter müssen lernen. Ich weiß, durch den hohen Kündigungsschutz haben Sie für diese Mobilisierung schlechte Karten – vor allem bei jenen, die nur noch veränderungsavers im Abfluss kreiseln. Aber Sie können Institutionen schaffen, die das »Füreinander« betonen – z. B. ein Entgeltsystem, das nicht den Egoismus stimuliert. Sondern das gemeinsame Interesse.

30.

Offene Grenzen. Digitalisierung ist Verbindung. Verbindung von bisher Unverbundenem. Deshalb ist »übergreifend« eines der meistgebrauchten Worte: funktionsübergreifend, abteilungsübergreifend, standortübergreifend, unternehmensübergreifend, kanalübergreifend, wettbewerbsübergreifend, branchenübergreifend. Im kleinen Maßstab begegnen sich Menschen, die zuvor gar nicht wussten, dass sie in derselben Firma arbeiten. Auf den größeren Spielfeldern vernetzen sich Schwermaschinen und Systeme mit Echtzeit-Monitoring, Big-Data-Analysen und permanenten Informationsflüssen. Auf den noch größeren Spielfeldern fusioniert die Technologie branchenspezifische Kompetenz und neue Nutzungsbedürfnisse zu Co-Creation-Partnerschaften. So wie sich der Logistiker UPS mit dem 3D-Drucker-Dienstleister CloudDDM verbindet und in seinen Lägern weltweit Tausende 3D-Drucker aufbaut, um, ja, eben nicht mehr zu lagern, sondern auf Abruf herzustellen. All diesen Entwicklungen gemeinsam ist das Zielbild: ein *Ökosystem* von Mitarbeitern, Partnern, Kunden, Zulieferern und Wettbewerbern, das Synergien erzeugt und in der digitalen Welt bestehen kann. Das will ich etwas breiter ausführen und bitte Sie, die Sie bis hierher kürzere Texte gelesen haben, um eine etwas längere Aufmerksamkeitsspanne.

Illustrieren wir die neuen Ökosysteme zunächst an klassischen Beispielen. Die Digitalisierung fordert und ermöglicht es, sich auf die *Kernleistung* zu konzentrieren. Viele Unternehmen verringern daher ihre Fertigungstiefe, um im Transformationsprozess schneller zu werden. Man setzt auf Partnerschaften, nicht zuletzt, um das eigene Wissen anzureichern. Wie das Leuchtturmprojekt einer Co-Innovation zwischen Bosch und der Software AG. In der Musikindustrie waren die Plattenlabels – noch vor den Zeitungen – die ersten Digitalisierungsverlierer. Der Tonträgermarkt schrumpfte in den ersten Jahren des neuen Jahrtausends um 40 Prozent. Nach einer Phase der Blockade waren die Unternehmen klug genug, sich mit Kooperationen ein Sprungbrett in die Zukunft zu sichern. Man tat sich mit Partnern wie iTunes und Spotify zusammen. Seit 2015 wächst der Umsatz wieder. Für Deutschland noch bedeutender ist die Autoindustrie: Die Rekordzahlen beim Absatz sind wahrscheinlich von gestern. Google, Apple und Uber sind die neuen Wettbewerber; sie wollen die traditionellen Strukturen der Autoindustrie aus den Angeln heben. Die digitalen Wettbewerber stammen nicht, wie die deutsche Autoindustrie, aus der Kaiserzeit, sondern arbeiten an völlig neuen Geschäftsmodellen, die den Gewinn je gefahrenen Kilometer maximieren – und nicht den Gewinn je produziertem Auto. Dazu gehören elektrisch angetriebene Roboterautos, die keiner Einzelperson mehr gehören, Robotertaxis, die von allein durch die Stadt fahren, Mietwagen, die man mit dem Smartphone ordert und steuert, sowie alle nur erdenklichen Mobilitätsleistungen. Vielleicht bald sogar autonom fliegende Kleinflugzeuge.

In dieser Lage: Warum sich nicht mit anderen Industrien zusammentun? Warum die notwendigen Investitionen nicht gemeinsam schultern? Daimler, BMW und Audi tun sich zusammen und kaufen gemeinsam den Kartendienst Here. Früher undenkbar. Die Autobauer erzeugen mit ihren Fahrzeugen große Datenmengen, die sie wiederum Here zuspielen, die damit ihr Produkt optimieren. Wer ist Kunde? Wer ist Lieferant? BMW will bis 2021 ein Auto für ein neues Zeitalter auf den Markt bringen, das es gemeinsam entwickelt mit dem amerikanischen Chiphersteller Intel und dem israelischen Kameraspezialisten Mobileye. Weit vorgreifend Elektroautobauer Tesla, der in den letzten zwei Jahren 450 Updates auf jedes Auto gespielt hat (darf sich der TÜV auf die Prüfung von Hardware beschränken?). Das Model S, vor allem jedoch das Model X, ist ein

»Connected Car«, in Tat und Wahrheit ein Softwareprogramm mit angehängtem Auto. Als sich Kunden kurz nach der Markteinführung des Model X darüber beschwerten, dass es bei geöffneten Flügeltüren hineinregnete, wurde das Problem weltweit auf Knopfdruck gelöst. Die Software der Fahrzeuge erhielt via Internet ein Update, das die Türöffnungshöhe reduzierte. Ob man das bei einem 300 SL nachträglich einbauen kann?

Das alles sind Beispiele, die bei aller digitalen Ausrichtung noch tief verwurzelt sind in der analogen Wirtschaft. Wirklich disruptiv ist der Schritt in die *Plattform-Ökonomie*. Man muss kein Experte sein, um dort die wirtschaftliche Zukunft zu sehen. Auf Plattformen werden Daten ausgetauscht und Serviceleistungen verknüpft. Um auf einem solchen Marktplatz erfolgreich zu sein, bedarf es freilich einer mentalen Voraussetzung: die Erkenntnis, dass Kooperation und Konkurrenz einander brauchen. Beide bedingen sich wechselseitig, treten gleichzeitig auf, sind »gleich-gültig«. Das ist noch leicht nachvollziehbar bei Individuen. Zum Beispiel bei Programmierern, von denen sich Millionen auf der Online-Plattform Stack Overflow austauschen und sich gegenseitig bei der Lösung schwieriger Software-Probleme helfen. Das ist ebenfalls plausibel, wenn wir uns das Beispiel des Schweizer Pharmakonzerns Novartis vor Augen führen. Novartis stellte schon 2007 seine gesamten Rohdaten zum Diabetes Typ 2 ins Netz und machte sie für die Konkurrenz zugänglich. Das tat man nicht aus Altruismus. Man spekulierte darauf, dass eine globale Forschungsgemeinschaft sich an dem kostspieligen Entwicklungsprozess für ein entsprechendes Arzneimittel beteiligt. Dem Beispiel sind mittlerweile viele gefolgt. Es zeigt, dass das Internet ein gigantisches Universum für kreative Zusammenarbeit geworden ist. Firmen können bei bestimmten Fragestellungen die Erkenntnisse Hunderttausender Wissenschaftler anzapfen, ohne sie dafür anzustellen. Und tatsächlich kann es bei Innovationsfragen besser sein, die

Problemlösung qualifizierten externen Teams anzuvertrauen. »Not-invented-here« verliert so seine innovationsfeindliche Tendenz, wird vielmehr ein Markenzeichen agiler Unternehmen! Als Beispiel möge gelten »innocentive.com«, die offene Ausschreibungsplattform der Chemieindustrie.

Richtig spannend wird es bei Plattformen, auf denen Wettbewerber kooperieren. Im Jargon heißen diese Wettbewerber »frenemies«, eine Mischung aus »friend« und »enemy«. Der Versandhändler Otto wird zum Marktplatz im Internet – auch konzernfremde Händler bewerben ihre Waren auf einer offenen digitalen Handelsplattform. Ebenso machen es Klöckner, Toyota, etliche Banken – sie alle entwickeln sich zu Dienstleistungsplattformen. Der traditionelle Papiermaschinenhersteller Voith wird zum Digitalunternehmen im Maschinenbau. Deshalb hat die Firma das Internetportal merQbiz gestartet, das Papierfabriken und Altpapierbesitzer zusammenbringt – ganz ähnlich wie Trivago Hotels und Reisende verknüpft. Plattformen gibt es vermehrt auch für Anwendungen rund um das digitalisierte Haus. (Nachricht vom Smart House an den Nerd: »Sie haben das Haus seit fünf Tagen nicht mehr verlassen.«) Um solche Digital-Portfolios buhlen Plattformen wie Qivicon, bei dem Telekom, Samsung, Miele, EnBW und eQ-3 kollaborieren. Oder Mosaiq, für das sich ABB, Bosch und Cisco zusammengeschlossen haben. Auch Zalandos Integrated Commerce ist eine illustrative Allianz von Wettbewerbern zum gemeinsamen Vorteil. Letztlich, für die Freunde der grünen Wirtschaft: Der Energieversorger Eon verbündet sich mit Google. Sie entwickeln gemeinsam ein Produkt, das es Hausbesitzern erlaubt, auf Knopfdruck die Wirtschaftlichkeit einer Solaranlage auf dem Dach zu errechnen. Ermöglicht wird dies durch das Wissen des Energieversorgers und die Satellitendaten von Google Earth.

So kann man Beispiel an Beispiel reihen. Resultiert daraus ein

Rezept? Es ergibt sich von allein, wenn man nach den Gründen für diese geradezu explosive Entwicklung fragt. Erstens sind Plattformen viel kapitalproduktiver als das klassische Geschäft; Angebot und Nachfrage finden einander auf digitale und damit hochgradig effiziente Weise. Zweitens geht es um Kundendaten, die jetzt auch aus externen Quellen kommen und so die eigene Datenbasis verbreitern. Das eröffnet die Chance, das digitale Leistungsangebot zu differenzieren. Drittens: Die Dynamik des Netzwerks. Darin liegt der eigentliche Hebel. Wurde die analoge Wirtschaft von Skaleneffekten getrieben, so sind es in der Platt-formwirtschaft die *Netzwerkeffekte*.

Welche Effekte sind das? In einem Netzwerk steigt mit jedem neuen Teilnehmer der Nutzen für alle anderen Teilnehmer. Bei-spiel: Kaufen Sie ein Fahrrad, können Sie Fahrrad fahren, ganz gleich, ob jemand anderes auch Fahrrad fährt. Das ist die ana-loge Welt. Kaufen Sie ein Handy, dann können Sie das nur nut-zen, wenn ein anderer auch ein Handy besitzt. Je mehr Men-schen ein Handy haben, desto mehr Menschen können Sie anrufen. Aber diese Menschen können sich auch untereinander anrufen. Jedes zusätzliche Handy steigert also den Nutzen aller Handybesitzer. Das ist das Schlüsselkonzept der digitalen Wirt-schaft: die »positive Rückkopplung«. Je größer das Netz wird, desto attraktiver wird es, desto mehr Kunden zieht es an, desto erfolgreicher wird es, desto … und immer so weiter. Deshalb: Größer ist hier besser.

Daraus resultiert die alles entscheidende Frage der digitalen Wirtschaft: Wer entwirft eine Plattform und *setzt einen Stan-dard durch?* Wenn das jemand schafft, liegen die Folgen auf der Hand: Die Produzenten stellen ihre Ware auf die Plattform, weil dorthin die meisten Kunden kommen; und die meisten Kun-den kommen, weil dort die meiste Ware steht. Die Konsequenz: »The winner takes it all«, einige wenige Oligopole beherrschen den Markt. Das sind die »walled gardens«, das Apple-Universum, die Google-Welt, der Amazon-Kosmos. Diese »Gärten« sind eigentlich Shopping Malls oder Kommunikationszentren – wie Burgen, deren Bewohner sich freiwillig einschließen lassen. Sie sind extrem attraktiv, sodass immer mehr Wirtschaftszweige ins Visier der Plattform-Erfinder geraten. Insbesondere produzierende Branchen, die den Informationsgehalt ihrer Wertschöpfung noch nicht erfasst haben, werden verstehen lernen, dass sie nur mit großen Koalitionen mehr Geld verdienen.

Alle drei Gründe spielen demjenigen in die Hände, der verbindet. Nicht dem, der herstellt. Das ist der Einsatzpunkt der Kreativität. Kreativität bedeutet, etwas auf neue Weise zu verbinden. Dazu später mehr. Hier nur abschließend das *Grundgesetz des digitalen Zeitalters* als Rezept: Die Grenzen Ihres Marktes sind die Grenzen Ihrer Phantasie. Ergründen Sie den Informationswert Ihrer Leistungen. Sehen Sie nicht nur Produkte und Preise. Prüfen Sie Kooperationen, die Ihnen vor fünf Jahren noch undenkbar schienen. Manchmal ist es klug, mit dem härtesten und langjährigen Widersacher gemeinsame Sache zu machen. Dafür müssen Sie sich im Inneren vorbereiten. Nicht eigensinnig sein, sondern zur Partnerschaft fähig, insbesondere wenn es um große Aufgaben geht. Die Idee des Wettbewerbs mit der Idee des Teilens versöhnen. Zugangsbarrieren senken, nur dann kann man die digitale Transformation aktiv mitgestalten. Streben Sie nicht nach Kontrolle über Ihr Angebot, sondern nach Steigerung Ihres Wertes. Öffnen Sie Ihre Technologie für andere, sonst besitzen Sie lediglich ein großes Stück eines kleinen Kuchens. Kostenlosigkeit kann sich lohnen, auch wenn Ihr Wettbewerber einen Vorteil davon hat. Sie brauchen ihn, um das digitale Spiel zu spielen. Dann hat auch »Management by Feindbild« ausgedient – der Feind könnte Ihr nächster Partner sein. Ist das nicht ein schöner Gedanke?

DIE WIEDEREINFÜHRUNG DER KREATIVITÄT INS UNTERNEHMEN

1.

Whisky. An der Tür klingelt es. Sie öffnen. Vor Ihnen steht der Auslieferungsfahrer eines Versandhauses. »Ich habe eine Sendung für Sie!« »Aber ich kann mich nicht erinnern, etwas bestellt zu haben. Was ist es denn?« »Eine Flasche Whisky.« »Komisch, ich trinke keinen Alkohol.« »Das macht nichts. Unsere Daten zeigen: Ihre Frau wird Sie in den nächsten 48 Stunden verlassen. Sie werden ihn brauchen.«

Wir sollten zu Beginn des dritten Ks die Fahne des Ernstes auf Halbmast setzen – es wird noch ernst genug. Denn was in dieser Szene noch übertrieben erscheint, ist keineswegs unwahrscheinlich. Es vereinigt viel von dem, um das es in diesem Kapitel geht: Daten, die bisher nicht genutzt wurden; Serviceleistungen, an die bislang niemand gedacht hat; Zukunft, die bisher nicht vorweggenommen wurde.

Gibt es dazu etwas Grundlegendes zu sagen, aus dem man ein Rezept destillieren könnte? Ja: Digitalisierung hin oder her; das Grundlegende für Unternehmenserfolg ist auch in digitalen Zeiten *Kreativität*. Schon 2010 wies eine globale CEO-Studie von IBM aus: »Creativity Selected as Most Crucial Factor for Future Success«. Sollte Sie das nachdenklich machen? Ja. Auf die Idee mit dem Whisky hätten Sie auch kommen können. Jedenfalls mit etwas Lebenserfahrung …

2.

Kreativ kann jeder. Die Suche nach dem Besseren zieht sich wie ein roter Faden durch die Menschheitsgeschichte. Sie treibt nicht nur die Kreativität von Menschen an, sondern ist auch der Motor unserer Gesellschaft – wenngleich man ihr in Deutschland misstraut. Für viele Firmen gleichwohl ist Innovation identisch mit Überleben: Alle Unternehmen scheitern an Innovationsschwäche. Dieser Satz, so schlicht er daherkommt, gilt immer.

»Kreativität« und »Innovation« sind daher Fahnenworte, an die sich allseits enthusiastische Erwartungen heften. Jeder nutzt sie, keiner mag sie missen. Vor allem Manager nicht. Sie wissen: Ordentliche Schufterei macht Erfolg immer unwahrscheinlicher. Die Zeichen mehren sich, dass das Zeitalter der Massenproduktion in Westeuropa vorbei ist. Der Anteil des Herstellens an der Wertschöpfung wird immer geringer; hingegen wird der Anteil an Informationen, die auch in Forschung, Entwicklung und Design einfließen, immer höher. Messbare Routinearbeiten werden zunehmend technischen Systemen übertragen. Das Internet sorgt dafür, dass Güter und Dienstleistungen mit Grenzkosten nahe null hergestellt werden können. Ob ein Medienhaus ein E-Book an zehn Haushalte verschickt oder an zehn Millionen, ist praktisch kostenneutral. Das Internet sorgt aber eben auch dafür, dass jeder Wettbewerbsvorsprung schnell dahinschmilzt. Weshalb es nur ein Credo geben kann: Innovation-Tempo-Innovation-Tempo-Innovation. Das ist die Essenz der Konkurrenzfähigkeit im digitalen Zeitalter.

Das muss uns nur mäßig beunruhigen: Die eigentliche Stärke der DACH-Wirtschaft war nie die Massenproduktion durch Millionen ungelernter Arbeiter, wie es der amerikanische und der asiatische Weg war. Unsere Stärke war immer die »nachindustrielle Maßschneiderei« (Werner Abelshauser). Also komplexe

Maschinen und Anlagen mit hohem Wissensanteil an der Wertschöpfung, die an die speziellen Bedürfnisse der Kunden angepasst wurden. Das ist auch heute noch aktuell. Das Fordistische können wir mithin getrost den asiatischen Copycats überlassen. Denn Werte werden immer weniger durch Standardabläufe geschaffen, sondern in der Bewältigung von Ausnahmesituationen. Allseits setzt sich mithin die Erkenntnis durch, dass nicht die Unternehmen mit der bestgefüllten Kasse die Nase vorn haben, sondern jene mit den besten Köpfen. Wer morgen am Markt bestehen will, muss auf das kreative Potenzial seiner Mitarbeiter setzen. Nur sie können neuartige Kundenbedürfnisse erspüren, die durch Digitalisierung erfüllbar sind.

Mein Vorschlag: Führen Sie die Kreativität wieder in Ihr *ganzes* Unternehmen ein. Als Grundparadigma. Lassen Sie nicht nur Nerds spinnen. Lassen Sie *jedermann* ausprobieren. Der Drang nach Neuem muss in allen Unternehmensteilen wichtiger sein als Besitzstandswahrung.

3.

Kreativität und Innovation unterscheiden. Sind Sie kreativ? Ich meine, nicht nur in der Gestaltung Ihrer Steuerklärung oder irgendwelcher Abgaswerte? Wenn Sie unsicher sind, dann kann das daran liegen, dass es keine allgemein gültige Definition von Kreativität gibt. Von Innovation auch nicht. Umgangssprachlich wird zudem kaum zwischen beiden unterschieden. Wir sollten daher die Begriffe klären.

Unter Kreativität verstehe ich das *Erschaffen* von Neuem. Ein neues Produkt, eine neue Dienstleistung, ein neues Geschäftsmodell. Das könnte man weiter differenzieren (etwa: bedeutend, überraschend), bringt Sie aber nicht viel weiter. Wichtig ist: Kreativität können Sie selbst steuern, zumindest unterstützen. Sie können einen Handlungsrahmen schaffen, der Kreativität wahrscheinlicher macht.

Der Kreativität zeitlich nachgelagert ist die Innovation. Unter Innovation verstehe ich das *Anerkennen* von Neuem. Ob etwas Kreatives auch eine Innovation wird, hängt davon ab, ob die kreative Idee aufgegriffen, weiterverarbeitet, angeboten und schließlich auch vom Markt anerkannt wird. Also: Menschen zahlen dafür. Kreativität ist die *Voraussetzung* für Innovation; aber nicht jede Kreativität mündet in Innovation. Innovation transformiert Kreativität in kundendefinierten Wert. Als Selbstzweck ist Kreativität dem Künstler vorbehalten. Ob also Kreativität auch eine Innovation wird, haben Sie nicht in der Hand. Das entscheidet der Markt.

Den Unterschied kann man in Deutschland gut beobachten. Es ist nicht die technologische Kreativität, die deutschen Unternehmen oft fehlt, sondern die unternehmerische Verwertung danach. Um Ihnen ein Beispiel zu nennen: 82 Prozent der bis 2017 angemeldeten Patente zum autonomen Fahren stammen aus Deutschland. Aber Elon Musk wird als derjenige wahrgenommen, der das Auto neu erfindet (obwohl nicht Tesla der größte Elektroauto-Hersteller ist, sondern die chinesische BYD – Build Your Dreams).

Innovation ist mithin nicht das, was Innovatoren glauben. Sondern was Kunden als neu erleben und annehmen. Deshalb sollten Sie sich vom Mythos der »guten Ideen« verabschieden: Ja, gute Ideen sind wichtig. Aber sie sind nur die Basis von Innovation. Insofern sind viele Handy-Hersteller vielleicht noch kreativ, aber schon lange nicht mehr innovativ. Sie bringen jährlich neue Produkte auf den Markt, deren immer neue Funktionen niemand braucht. Meine Empfehlung: Benutzen Sie vorrangig den Begriff der Kreativität; die ist von Ihnen gestaltbar.

4.

Dreimal Kreativität. Es ist hilfreich, den Begriff der Kreativität zu differenzieren, um ihn besser handhaben zu können. Zu unterscheiden sind:

1 Effiziente Kreativität – höhere Leistung zu geringeren Kosten
2 Nachhaltige Kreativität – gute Produkte verbessern
3 Disruptive Kreativität – völlig neues Geschäftsmodell, Produkt oder Dienstleistung

Alle drei Kreativitäten haben ihre Berechtigung. Aber stehen Ihnen alle drei Kreativitäten zu Verfügung? Schwierig. Ist im Unternehmen von Kreativität die Rede, geht es meist um das Optimieren, nicht um das Neuerfinden. Selbst in den Forschungsbereichen der Unternehmen werden selten offene Fragen gestellt. In jedem Budgetantrag muss inzwischen stehen, was bei dem Projekt herauskommt. Wie aber kann man das wissen? Wie soll auf diese Weise wirklich etwas Neues entstehen? Die Optimierung der Kerze hat nicht zur Erfindung der Glühbirne geführt. Mit der Weiterentwicklung bestehender Produkte können Sie zwar gutes Geld verdienen (»profitable growth«), aber Sie kommen nicht zu großem und schnellem Geld. Nur die disruptive Kreativität schafft Wachstum. Dafür müssen Sie die radikalen Kategorienwechsel der Digitalisierung aufgreifen: Verbindung statt Ding, Information statt Herstellung, Zugang statt Besitz. Das schafft neue Märkte bzw. schafft alte ab. Die beiden anderen Kreativitäten verwandeln Kapital wieder in Kapital – und die Welt schwimmt ohnehin in Kapital. Zudem werden Sie anfällig für innovative Durchbrüche des Wettbewerbs, für die Ankunft einer ganz neuen Technik. Ihre Firma ist dann »too established to change«.

Allerdings ist wirklich disruptive Kreativität selten. Es werden immer wieder die üblichen Verdächtigen genannt: Apples iPhone schob den Marktführer Nokia zur Seite (obwohl die kreativsten Köpfe bei Apple wohl in der Steuerabteilung sitzen), Booking.com und Expedia bedrängen die Reisebüros, Airbnb die Hotels, Uber die Taxifahrer (und hat in etlichen Städten der USA das Taxiwesen komplett zum Erliegen gebracht). Ja, es klingt sexy, sich neu zu erfinden, im Handstreich ganze Industrien an die Wand zu drücken, das nächste große Ding zu starten. Es kann jedoch für einzelne Unternehmen im Desaster enden. Man darf keine unrealistischen Szenarien entwerfen, nur weil diese ambitioniert klingen. *Don't be too disruptive!* Gesamtwirtschaftlich leisten Disruptionen tatsächlich einen eher bescheidenen Beitrag. Zwischen 2003 und 2013, so eine amerikanische Forschung aus dem Sommer 2017, trugen disruptive Neuerungen nur 13 Prozent zum allgemeinen Wirtschaftswachstum bei. Hingegen sind es die steten Verbesserungen, die den Wohlstand dauerhaft voranbringen.

Ergo: Sie sollten auch im digitalen Zeitalter die Kreativität vorantreiben, ohne gleich zu hyperventilieren. Auch die effiziente und die nachhaltige Kreativität können zur Digitalisierung Ihres Unternehmens beitragen. Aber wirklich zukunftsfähig werden Sie, wenn Sie mutig in die Chancen für disruptive Kreativität investieren. Warum Chancen? Weil man sie nicht planen kann; man weiß erst im Nachhinein, ob sie disruptiv war.

5.

<u>Das Erfinden neu erfinden.</u> Menschliche Kreativität ist noch weitgehend unverstanden. Sie ist eine Black Box – niemand weiß genau, was drin ist und was sich da abspielt. Zugespitzt kann man sagen: Kreativität ist das, was wir nicht verstehen. Auch wenn sich die Studien zum Thema häufen – bis heute lässt sich der kreative Funke im menschlichen Geist nicht gezielt auslösen. Er entwickelt sich aus Zufällen, Kreuzungen, Regelverletzungen. Dieser Prozess ist nicht zu bremsen. Aber er ist auch nicht wirklich zu beschleunigen.

Der Hauptstrom der Forschung zeigt, dass Kreativität zwei Seiten hat: 1. die *originelle Idee* 2. die *praktische Form*. Erstere erfordert die Begabung zur schöpferischen Suchbewegung. Letztere erfordert konzentrierte Arbeit. Dass beide Eigenschaften in einer Person vereint sind, ist selten – sollte Ihr Unternehmen nicht aus lauter Goethes, Mozarts oder Picassos bestehen. Wirklichkeitsnäher ist da eine Praxis, Menschen mit unterschiedlicher Begabung zusammenarbeiten zu lassen. Jene, die frei phantasieren können, und jene, die diszipliniert umsetzen. Die zumeist jungen Verrückten und die erfahrenen Produktionsspezialisten. Beide müssen wissen, dass sie wechselseitig aufeinander angewiesen sind. Dass es ohne den anderen nicht geht. Kreativität ohne Produkt ist autistisch, Produkt ohne Kreativität ist langweilig.

Das steht häufig im Widerspruch zur Intuition. Der kreative Prozess wird nämlich oft gedacht als einsames Tüfteln in verschrobener Weltabwendung. Das mag es geben. Wenn Sie sich aber in der Wirtschaftsgeschichte umschauen, dann werden Sie feststellen: Kreativität entsteht weit häufiger durch Kooperation. Durch *heterogene Kooperation*. Es sind *Begegnungen* unterschiedlichster Menschen, die Einzelteile neu zusammenfügen und ein Mehr an Gesamtheit entstehen lassen.

Fragen Sie nach den Situationen, die Kreativität fördern, so fällt ein Standard auf: das Gespräch. Nichts erleben die Menschen als kreativitätsfördernder als das Gespräch mit Freunden, Bekannten, Experten, auch völlig Unbekannten. Im Flechten von Gesprächen, im Hin und Her der Gedanken ergibt sich ein geistiger Zusammenhang, der uns öffnet für neue Perspektiven. Ein Ping-Pong-Effekt in den Köpfen. Denken Sie an Kleists »Über die allmähliche Verfertigung der Gedanken beim Reden«. Das Silicon Valley hat das aufgegriffen: Dort geht nichts mehr ohne direkten menschlichen Kontakt; und der ist an *nichtaustauschbare Orte* gebunden. Es ist also nicht nur das Versunkensein des Grüblers, was die Kreativität entstehen lässt, sondern auch das Nehmen von außen, die »Inspiration« – das Einhauchen, die Beatmung. Dafür kann das Unternehmen Voraussetzungen schaffen. Dazu später mehr. Hier nur so viel: Gerade die Digitalisierung erfindet das Erfinden neu. Der einsame Forscher wird abgelöst von kreativen Ensembles.

Lässt sich daraus ein Rezept ableiten? Zweifellos: Geben Sie Zeit und Raum für Dialoge. Auch für immer neue Mitarbeiterkonstellationen. Auch für Zufallsdialoge am Kaffeeautomaten. Auch für sich selbst. Hören Sie genau hin. Machen Sie sich Notizen. Schauen Sie Ihre Notizen immer wieder durch. Gehen Sie mittags regelmäßig mit unterschiedlichen Mitarbeitern Ihres Unternehmens spazieren. Wege entstehen beim Gehen.

6.

Kreativität ist Verbindung. »In meinem Lehnstuhl am Kamin sitzend, schlief ich ein. Im Traum sah ich plötzlich eine Schlange, die ihren eigenen Schwanz im Maul hatte. Wie vom Blitz getroffen wachte ich auf.« So der Bericht Friedrich von Kekulés von der Entdeckung der Benzolringstruktur 1865. Kommt so das Neue in die Welt? Platon machte es sich einfach: »Nicht kraft einer Kunst, sondern durch göttliche Macht.« Auch manche Forscher und viele Künstler fühlen sich im Traum göttlich inspiriert. »Gute Einfälle sind Geschenke des Glücks«, behauptete der Dichter Gotthold Ephraim Lessing. Auch Friedrich Nietzsche glaubte an ein Naturereignis: »Man hört, man sucht nicht, man nimmt, man fragt nicht, was da gibt, wie ein Blitz leuchtet ein Gedanke auf.« Hat sich wenig geändert seit der Zeit, als Archimedes aus dem Bad sprang und »Heureka!« rief?

Fasst man den gegenwärtigen Stand der Kreativitätsforschung zusammen, dann sieht das Bild weniger mystisch aus. Das Neue fällt nicht vom Himmel. Weder im künstlerischen Schaffen noch bei der Entwicklung von Produkten. Es ist auch keine Einflüsterung eines gnädigen Geistes oder der Geniestreich eines Götterlieblings. Vielmehr liegt es am Rande des Bewusstseins bereit, um wahrgenommen zu werden. Kreativität hat Altbekanntes zur Voraussetzung. Ideen sind immer schon »irgendwo da draußen« vorhanden, man ahnt ihre latente Präsenz. Das Neue ist kein bisher unbekannter Inhalt, sondern eine neue Weise, bekannte Inhalte zu strukturieren, zu ergänzen, zu artikulieren. Anders als der Philosoph Hegel, der das »Andere« als etwas Festes und in sich Abgeschlossenes sah, geht man heute davon aus, dass das »Andere« etwas *Relationales* ist: Es ist etwas Anderes im Verhältnis zu Bekanntem. Das gilt es zu verbinden. Wie bei der Digitalisierung: eine *Verbindung* zu sehen, was vorher unverbunden, vielleicht sogar völlig beziehungslos schien.

Genau so machte es Thomas Edison, als er viele Tausend Kombinationen bekannten Materials zur Glühbirne zusammenfügte und dabei, nach seinen eigenen Worten, »zehntausend Möglichkeiten fand, die nicht funktionierten«. (Sein Beton-Klavier hat tatsächlich nie funktioniert.)

Fazit: Kreativität ist nichts Geheimnisvolles oder Außergewöhnliches. Es ist – wie die Digitalisierung! – das Zusammenfügen von bereits vorhandenen, aber bisher getrennten Dingen. Das Neue ist schon »da«, nur ist die Sicht für die meisten Menschen versperrt. Was die Frage aufwirft: Wer verbindet, was bisher unverbunden ist? Wer sieht, was andere nicht sehen? Wer denkt, was andere nicht denken?

7.

Kreative Menschen finden. Digitalisierung beginnt nicht mit Technologie. Sondern mit Menschen, die Ideen haben – Ideen, die verbinden. Deshalb steht am Anfang jeder digitalen Innovation ein Mensch, der über genügend Phantasie verfügt, eine gute Frage zu stellen. Nach diesen kreativen Menschen müssen wir suchen. Und Methoden entwickeln, um sie zu erkennen.

Was ist dazu zu sagen, ohne dass wir uns in den Untiefen der Kreativitätsforschung verirren? Das Wichtigste für Sie zusammengefasst:

- Kreativität ist ein Aspekt allgemeiner Intelligenz, keine spezifische Fähigkeit. Das Gehirn von schöpferischen Menschen arbeitet nicht »anders«. *Alle* Menschen haben mithin ein kreatives Potenzial, das nach Entfaltung drängt. Menschen *sind* kreativ, sie müssen nicht kreativ gemacht werden. Im Grunde kann man Kreativität nur lahmlegen.
- Dazu will ich Ihnen eine Lesefrucht vorstellen. Der spanische Philosoph Ortega y Gasset schreibt: »Heben wir mit allem Nachdruck folgende unglaubliche, aber unleugbare Tatsache hervor: Die Experimentalwissenschaften haben sich zum guten Teil dank der Arbeit erstaunlich mittelmäßiger ... Köpfe entwickelt. Das bedeutet, dass die moderne Wissenschaft ... dem geistig mittleren Talent Zutritt gewährt und ihm erfolgreich zu arbeiten gestattet.« Diese Behauptung dürfte auch für Unternehmen zutreffen, denkt man an die vielen kleinen kreativen Schritte, die zum langfristigen Erfolg beitragen.
- Schöpferische Menschen schwanken nicht zwischen Genie und Wahnsinn. Empirische Studien belegen, dass außergewöhnlich kreative Menschen nicht psychisch gestörter sind als der Bevölkerungsdurchschnitt. So wie Thomas Mann ein-

mal sagte, dass die meisten trinkfreudigen Schriftsteller nicht wegen des Alkohols kreativ seien, sondern trotz dessen.

- Entsprechend untauglich ist der Versuch, kreative Leistungen durch die Diagnose individueller Fähigkeiten vorauszusagen. Vorsichtiger gesagt: Es gibt wenig belastbare Daten. Insbesondere können Tests (wie etwa das Kirton-Adaption-Innovation-Inventory oder Goughs Creative Personality Scale) nicht hinreichend differenzieren zwischen allgemeinen kognitiven Fähigkeiten und speziell kreativen Leistungen.

- Es finden sich Hinweise, dass Menschen, die als besonders kreativ gelten, drei Eigenschaften aufweisen: 1. hohe Bereitschaft, Risiken einzugehen und mögliches Scheitern anzunehmen; 2. Mut, sich von den Normen und Werten der Masse abzusetzen; 3. Zweifel an »richtigen« Standpunkten und »wahren« Überzeugungen.

- Ebenso ist *Disziplin* offenbar stark korreliert: Kreative haben oft jahrelang hartnäckig über ein Problem nachgedacht. Ein eigenwilliger Kopf dreht hin und her, zieht auseinander, setzt neu zusammen. Das ist keine Magie, sondern harte Arbeit. Kreativität macht nicht immer Spaß. Sie ist ohne Disziplin und Fleiß nicht zu bekommen. Mozart wurde eben sehr früh ans Klavier gesetzt. Nach einem Wort des berühmten Chemikers Louis Pasteur begünstigt das Kreative »nur einen vorbereiteten Geist«.

- »Einmal kreativ, immer kreativ« ist ein Mythos. Menschen, die sich auf einem bestimmten Gebiet als kreativ erwiesen, sind es nicht notwendigerweise auf anderen Gebieten. Auch die Mehrfachbegabten sind nur in einer Disziplin wirklich gut; in anderen dilettieren sie. Lediglich bei Aufgaben, die kein Spezialwissen erfordern, kann eine kreative Disposition generalisiert werden. Wenn man so will, ist das das wichtigste Resultat der modernen Kreativitätsforschung.

Was können Sie für die *Personalauswahl* daraus ableiten? Dass Kreativität zu diagnostizieren eine nette Idee ist, aber viel Mystizismus beinhaltet. Sie müssen auch keine speziellen Köpfe einstellen, um als Unternehmen insgesamt kreativ zu werden. Es bleibt dabei: Sie müssen eine überraschungsfreundliche Atmosphäre schaffen, die kreative Arbeit ermutigt. Und dann hartnäckig bleiben bei ihrer Umsetzung in Innovation.

Einspruch! »Was ist mit der Kreativität genialer Nerds und kauziger Tüftler? Insbesondere die Computerentwicklung ist doch eine Revolution von exzentrischen Einzeltypen.« Stimmt. Aber das sind Typen, die in keiner Großorganisation eine Chance hätten. Das wird immer verwechselt. Man vertieft sich in die Biographien von Steve Jobs, Bill Gates und Elon Musk und erträumt sich Ähnliches im eigenen Unternehmen. Aber Ihr Unternehmen würde sich chaotisch verflüssigen, würden Sie solche Typen einstellen. Nein, nutzen und verstärken Sie die Kreativität ganz normaler, durchschnittlicher Menschen. Auch hier gilt: Ihre *Kombination* macht den Unterschied.

8.

Dem Gefühl eine Chance. Daten, Daten, Daten. Die Behauptung steht im Raum, Digitalunternehmen seien datengetrieben und nur datengetrieben. Jenseits dessen gäbe es keine Rationalität, die betriebswirtschaftlich verwertbar sei. Ist das so?

Es geht nicht um Daten, sondern um Erkenntnis. Daten beantworten nicht die Frage nach dem Motiv. Dazu brauchen Sie die Fähigkeit des Verbindens, Erklärens, Qualifizierens. Sie brauchen Psychologie und Soziologie. So wie es Albert Einstein formulierte: »Nicht alles, was man zählen kann, zählt, und nicht alles, was zählt, kann man zählen.«

Wenn Sie, lieber Leser, ein kreativer Mensch sind, dann wissen Sie: Das Neue tritt nicht sicher auf, nicht stimmig und in wohlgefasster Form. Es beginnt gewöhnlich als eigentümlich unbestimmte, oft unklar erregende »Vermutung«, die verbal noch keine Formulierung gefunden hat. Aber sie regt Sie an, eine Formulierung in aller Vorläufigkeit zu versuchen. Sie spüren nicht den »Gegenstand« der Kreativität, sondern das »Gefühl« der Irritation, das unklar Neue sowie den Impuls, dieser unklaren Sache nachzugehen. Das ist ein Impuls, den eine andere Person gar nicht bemerkt oder wegen verwertungslogischer Zweifelhaftigkeit verwirft.

Was sagt die Forschung über Menschen, die ein solches Gespür haben? Auf den ersten Blick Verwirrendes. Sie beantworten die Frage: »Für wen arbeite ich?« mit einem klaren »Für mich!«. Das bedeutet nicht, dass sie sich vom Unternehmen entkoppeln. Damit ist gemeint, dass sie zwar *in* dem Unternehmen arbeiten, aber nicht *für* das Unternehmen. Sondern für sich selbst. Arbeiteten sie für das Unternehmen, wären sie nicht kreativ. Nur wenn sie etwas *für sich* tun, ihr »Ding machen«, lassen sie sich von der Erotik des Gegenstandes so anstecken, dass tatsächlich etwas Neues die Chance hat, in die Welt zu kommen.

Wenn sie selbstgesteuert arbeiten, ohne Rechtfertigungsdruck, an einem unbelasteten Ort. Vor allem aber, und jetzt wird es spannend: ohne institutionalisierte Kritik. Kreativität entsteht nicht, wenn man sich wechselseitig zensiert, sondern sich als Impulsgeber für neue Ideen anerkennt. Nur dann kommt Individualität zur Entfaltung. *Vertrauen in die Individualität* ist die große Herausforderung der Unternehmen im 21. Jahrhundert – wollen Sie Kreativität wieder ins Unternehmen einführen!

Für Sie als Führungskraft heißt das konkret: Das akzeptierende Gespräch, das auch unklares Spüren und nicht-vorgeformtes, nicht-floskelhaftes Zur-Sprache-Bringen dieses Unklaren gelten lässt, das müssen Sie üben. Täglich. Lassen Sie sich nicht von szenetypischen Behauptungen irritieren, Digitalunternehmen seien datengetrieben. Meine These: Das wird scheitern. Ohne Gefühl für Entwicklungen, Möglichkeiten und weiche Signale werden Sie nicht lange Daten treiben. Genauigkeit ist nicht Richtigkeit. Bauchgefühl zählt!

9.

<u>Raus aus der Kausalität.</u> Wer auf frische Ideen kommen will, muss sich gleichsam selbst überlisten. Das Gehirn ist nämlich von Natur aus faul. Es will gar nicht kreativ sein. Es will Komplexität reduzieren, nicht erhöhen. Wagen wir einen kurzen Blick hinein: Im Gehirn arbeiten etwa 1000 Milliarden Nervenzellen. Wir wissen nicht genau, wie die miteinander vernetzt sind. Forscher gehen heute davon aus, dass jede einzelne Nervenzelle mit mindestens 10 000 anderen verbunden ist. Wenn eine Nervenzelle durch die Sinne angeregt wird, stimuliert sie ihrerseits wiederum 10 000 andere Zellen. In jedem Bruchteil einer Sekunde entsteht also eine riesige Menge an Datenmüll, ein Überangebot an Informationen, das niemand braucht. Das Gehirn beseitigt diesen Müll, indem es für einen Sachverhalt immer nur *eine Ursache* sucht. »Aha, deshalb!« Eine gefundene Ursache ist gleichsam ein Lückenbüßer in unserem Weltbild, das uns beruhigt weitermachen lässt. Andere mögliche Ursachen, Gründe und Motive werden ausgeblendet.

Diese »Monokausalitis« ist ein Überlebensreflex des Menschen. Gleichzeitig auch ein Fluch: Sie verstärkt unsere Tendenz, die Dinge einseitig und vorurteilsbeladen zu sehen. Die Studien zum Thema legen nahe: Kreativsein heißt, diese Einseitigkeit zu überwinden. Kreativ ist, wer die Dinge aus überraschender Perspektive beleuchtet.

Das bedeutet übersetzt: Wagen Sie den Weg raus aus der Kausalität! Vermuten Sie nicht vorschnell Ursachen. Lassen Sie viele Meinungen und Sichtweisen zu. Halten Sie das Unmögliche für möglich. Anerkennen Sie Zufall, Glück und Unverstehbares. Nur so stoßen Sie vielleicht auf eine neuartige Perspektive, die außergewöhnliche Marktchancen aufdeckt. Ich weiß, das ist selten und nicht jedermanns Sache. Aber die Voraussetzung für Kreativität.

10.

Fragen statt Sagen. Mihaly Csikszentmihalyi, damals noch Psychologieprofessor in Chicago, fragte in einer Studie aus dem Jahre 1998, wie kreative Köpfe auf ihre zündenden Ideen kommen. Er verfolgte revolutionäre Innovationen zu ihrem Ursprung zurück. Die interessante Erkenntnis: Der Gedankenfluss kommt immer dann ins Rollen, wenn man die richtigen Fragen stellt. Etwa: »Wer verwendet unser Produkt auf eine Weise, die wir gar nicht beabsichtigt haben?« – »Was ist für den Kunden das größte Ärgernis beim Kauf unserer Dienstleistung?« (der »pain point«, Sie erinnern sich).

Es ist aber gar nicht so wichtig, ob Sie von einer ganz bestimmten Frage ausgehen. Entscheidend ist, ob Sie überhaupt die Frage *als Frage* zulassen. Ob ein Klima herrscht, in dem man offen In-Frage-stellen kann. In dem Zweifel und Skepsis als produktiv gelten. Das auch Probleme zulässt, auf die es keine sofortige Instant-Lösung gibt. Ob ein Möglichkeits-Klima herrscht. Ob ergebnisoffen gesprochen werden kann. Abwertungsfrei.

Eigentlich selbstverständlich. Die Praxis aber zeigt oft ein anderes Bild. Dort überwiegt die Haltung des Sagens, nicht des Fragens. Die ist an sich nichts Schlechtes, aber für die Kreation tödlich. Da muss das Fragen überwiegen. Ich wiederhole mich, weil es mir wichtig ist: Am Anfang jedes kreativen Prozesses steht ein kluger Mensch, der eine dumme Frage stellt.

11.

Herzblut und Neugier. Das Rätsel ist nicht, ob jemand kreativ ist, sondern wie eine Umgebung beschaffen sein muss, die das kreative Element normaler Menschen unterstützt. Wenn mein Geld auf dem Tisch läge, würde ich nicht auf den Einzelnen schauen, sondern auf Organisationsformen. Wenn Sie also fragen: Wo kann Kreativität gedeihen? In welcher Atmosphäre?, dann sind viele Orte denkbar – nur einer scheidet meistens aus: die eigene Firma.

Das ist nichts Ungewöhnliches. Unternehmen sind – als Organisationen – gerade um die *Ausblendung* von Kreativität herum gebaut. Das Wesen der Organisation ist das Regelhafte, Berechenbare, Wiederholbare. Ein kreatives »Heute machen wir es mal ganz anders!« hätte da die Qualität einer Loriot-Burleske. Vor allem im strukturverliebten Deutschland: »Das deutsche Schicksal: vor einem Schalter zu stehen. Das deutsche Ideal: hinter einem Schalter zu sitzen.« (Tucholsky) Die organisatorische Form des Unternehmens ist zudem auf Effizienz ausgerichtet – nicht auf die größtenteils leer laufende Energie des Ausprobierens. Denn, um es gleich zu sagen, die Erwartungen an Kreativität erfüllen sich meistens nicht. Im Suchen und Versuchen ist das Scheitern weit häufiger als der Erfolg. Signifikant ist die Einstellung zum *Fehler:* Der Fehler ist die Negation der Organisation, aber das Herzblut der Kreativität. Deshalb mögen sich Forschung und Verwaltung nicht. »Kreatives Chaos!«, ruft die Forschung, »Geldvernichtende Anarchie!«, ruft die Verwaltung. Höre ich da ein Seufzen?

Damit ist auch klar, dass starke und homogene Unternehmenskulturen nur dann produktiv sind, wenn sie Kreativität zur Kultur erklären. Sonst sind sie kreativitätsfeindlich. Weil sie gleichsam vorentschieden haben, was machbar ist und was ausgeschlossen wird.

Das Thema Kreativität fordert zum ersten Mal nicht den Menschen als Teil einer Unternehmensmaschine, sondern genau in jenen Kompetenzen, die ihn von der Maschine unterscheiden: Gefühl; Antizipation von Unvorhersehbarem; die Wahrnehmung von »Gestalt«. Er muss einschätzen, gewichten, bewerten, interpretieren. Ohne Hypothesen und Theorie geht es nicht. Mit einem Wort: Er braucht *Urteilskraft*. Ist das nicht ein schönes Wort? Es ist dem Menschen reserviert. Genauer: Ihnen! Kein Berater kann Ihnen das ersetzen. Auch nicht dieses Buch.

Menschen müssen frei miteinander umgehen können, um das Neue überhaupt zuzulassen. Dafür sollten Sie die Membranen des Unternehmens öffnen, Außensensibilitäten erhöhen. Das können nur Menschen. Menschen, die man ermutigt hat, empfindsam zu sein für schwache Signale auf den Märkten, bei den Kunden. Die neugierig sind, gierig auf Neues. Deshalb sollten Sie Ihr Unternehmen wie einen Schwamm gestalten, alles aufsaugen, was irgendwie in Kundennutzen umzusetzen ist. Denn Kreativität ist weniger eine Frage des gemeinsamen oder der individuellen Tüftelei, sondern der Außensensibilität. Kreativität muss vom Kunden ausgehen. Daher das Motto: Maximieren Sie Ihre Anschlussoptionen! Schließen Sie nichts von vornherein aus.

Diese Kreativität können Sie weder verordnen noch erzwingen. Sie können auch nicht einfach Geld in das Thema stecken, in Labors, Inkubatoren und Projektteams – und schon kullert Kreativität heraus. Sie können Kreativität nicht bestellen. Nur erlauben. Sie können die *Bedingungen der Möglichkeit* von Kreativität verbessern. Sie können ein Klima schaffen, das Kreativität wahrscheinlicher macht. Unter den aktuellen organisatorischen Bedingungen heißt das konkret: Kreativ ist, was und wer Kreativität *nicht behindert*. Das wäre schon mal ein Anfang. Gehen Sie ihn an! Und vergessen Sie nicht, auf sich selbst zu schauen.

12.

Halbinneraußerhalb. Der Ruf nach Kreativität ist die Sehnsucht der Organisation, sich von sich selbst zu befreien. Vielleicht haben Sie sich bei der bisherigen Lektüre ja auch schon gefragt, wie Unternehmen kreativer werden sollen, wenn sie gleichzeitig ihr Tagesgeschäft erledigen müssen. Wie soll das überhaupt gehen, wenn die Organisation jegliche Kreativität als Angriff auf Effizienz und Sicherheit auffasst? Viele Manager können sich ja noch vorstellen, Produktionsprozesse zu verfeinern, Produkte weiterzuentwickeln – aber all das nur, wenn sich nichts Grundlegendes an der Organisation ändert. Und dort herrschen Hierarchien, operiert man in Silos, arbeitet man mit Leitlinien, definierten Rollen, Prozessen sowie ausgefeilten Planungssystemen. So kann man sein Standardgeschäft durchsteuern. Aber Kreativität?

Aus diesem Dilemma erhebt sich eine elementare Frage: Kann man Digitalprojekte innerhalb eines (Groß-)Unternehmens entwickeln? Oder besser als eigenständige Digitaleinheit außerhalb?

Dass interne Digitalprojekte an starren Konzernstrukturen scheitern, wurde von Clayton Christensen zur fast alternativlosen Lehrmeinung erhoben. Auf dem Weg in die digitale Welt würde, so Christensen, das Alte mit Händen und Füßen verteidigt. Wirklich disruptive Kreativität sei deshalb innerhalb einer etablierten Organisation extrem unwahrscheinlich. In der Tat: Keine Segelschiffwerft hat es je geschafft, Dampfschiffe herzustellen.

Darum wird Kreativität häufig »ausgelagert«. Dafür wiederum gibt es zwei Strategien. Die *erste* Strategie beobachtet kreative Unternehmen am Markt und kauft sie nach Bedarf ein. Manche dieser hochbewerteten Start-ups werden vollständig integriert; dann ist es schnell vorbei mit dem kreativen Rumgejuxe. Manche belässt man organisatorisch eigenständig und sichert sich lediglich den kreativen Output. Die *zweite* Strategie gründet separate Einheiten innerhalb der Unternehmen: Inkubatoren, kleine Kreativbuden, nerdige Spinnerzirkel. Dort kann man freier arbeiten. In den Teams arbeiten unternehmenseigene Mitarbeiter, gegebenenfalls mit externer Unterstützung, und tragen die Kreativität in die Stammorganisation hinein. Nicht unattraktiv für Experten, die sich auf dem Arbeitsmarkt die Angebote aussuchen können.

Der Harvard-Professor John Kotter hat schon vor Jahren vorgeschlagen, gleichsam ein »duales Betriebssystem« zu fahren. So könne man Neues entwickeln, ohne das Etablierte vorschnell zu gefährden. Das laufende Geschäft stellt das erste Betriebssystem dar. Parallel dazu existiert eine agile Netzwerkorganisation, das zweite Betriebssystem. Dort finden sich Mitarbeiter mit Entdeckermentalität freiwillig in Teams zusammen und forschen nach kreativen Lösungen. Wird eine Innovation als tauglich empfunden, wird sie auf die Gesamtorganisation ausgerollt. Vielleicht sind die Tüftelprojekte von heute ja die Geschäftsmodelle von morgen. So weit die Theorie.

In dieser Logik wird häufig eine »Two-Speed-IT« vorgeschlagen. Ich bezweifele, dass unterschiedliche Geschwindigkeiten bei der digitalen Transformation wirklich zielführend sind. Bei vielen aktuellen Projekten kann ich nicht erkennen, dass sie das Geschäftsmodell grundsätzlich und nachhaltig verändern. Natürlich, man muss das profitable Kerngeschäft so effizient wie möglich managen. Aber die Digitalisierung muss sich doch genau darauf beziehen. Wenn man wirklich vom Kunden her denkt, dann muss eine Komplettlösung her, keine verspielte Sandkasten-IT.

Sollten Sie zum Top-Management gehören, dann stehen Sie vor der ungewohnten Situation, nicht mehr persönlich den Weg vorgeben zu können. Sie müssen sich auf unbekanntes Terrain wagen, bisweilen Digitalexperten das Ruder überlassen. Wenn es aber gelingt, unter den Top-Führungskräften Promotoren zu finden, dann kann diese Veränderung von unten viel bewegen. Vor allem entsteht ein Alternativ-Szenario gleichsam »vor der Haustür«, das eine agilere Möglichkeit einer gemeinsamen Zukunft entwirft. Das schon zuvor genannte Duisburger Stahlhandelshaus Klöckner hat auf diese Weise eine Online-Plattform entwickelt, über die die Hälfte des Umsatzes abgewickelt wird – bislang einmalig in der eher angestaubten Traditionsbranche. Man holt sich zwar eine neue Schnittstelle ins Unternehmen, aber das nimmt man eher in Kauf, als sich von den Beharrungsenergien des »Apparats« schon in den embryonalen Kreativitätsphasen ausbremsen zu lassen. Wie gesagt: Das Neue ist selten zu rechtfertigen. Dennoch gilt, wenn Sie zukunftsfähig sein wollen: Machen, was andere nicht machen.

13.

Veredelung. Was tun? Von außen kaufen? Von innen entwickeln? Es gibt kein einzig richtiges Rezept. Einen interessanten Weg hat die amerikanisch-schweizerische Technologiefirma Logitech beschritten. Das Traditionsunternehmen, bekannt für sein Computerzubehör, schlitterte mit dem Aufkommen der Smartphones und Tablets in die Krise. Seitdem hat sich das Unternehmen neu erfunden und ist heute wieder überraschend erfolgreich. Das stark wachsende Geschäft mit mobilen Lautsprechern ist exemplarisch dafür, auf welche Weise Logitech kreativ ist. Die Lautsprecher werden unter der Marke »Ultimate Ears« (UE) verkauft. Logitech hatte UE als kleine Firma übernommen, eine Firma, die zwar über ein besonderes Audio-Wissen verfügte, aber selbst nie Lautsprecher produzierte. Diese sind intern bei Logitech entwickelt worden und stammen im Wesentlichen aus der Zeit der PC-Lautsprecher. Man nutzt die Kompetenz von UE gleichsam zur Veredelung der eigenen Produkte. Zudem will man nicht mit der Marke Logitech in den Musikmarkt eintreten.

Grundsätzlich ist man der Auffassung, dass Innovationen aus dem eigenen Haus kommen müssen. Logitech-Chef Bracken Darrell: »Es ist zum Scheitern verurteilt, wenn du versuchst, innovativ zu sein, indem du Firmen einkaufst. Bei einem solchen Erwerb von Innovation würde das alte Management die Mechanismen des neuen Geschäfts nicht verstehen. Weshalb die meisten Akquisitionen nicht funktionierten.« Bei Logitech setzt man hingegen darauf, neue Produkte zunächst selbst zu entwickeln und dann durch Zukäufe deren Profil zu schärfen. Bisher lag man mit dieser Strategie offenbar nicht falsch.

14.

Finden-Lernen. Ein Experiment: Nehmen Sie zwei leere Flaschen, sperren Sie einige Bienen in eine Flasche, in die andere Fliegen. Legen Sie beide Flaschen flach auf den Tisch, mit der unverschlossenen Öffnung vom Licht/Fenster abgewendet. Beobachten Sie! Die Bienen werden mit Sorgfalt, systematischer Energie und größtem Eifer jeden Millimeter des dem Licht zugewandten Flaschenbodens nach einer Öffnung absuchen ... bis sie schließlich an Erschöpfung sterben. Die Fliegen hingegen schwirren aufgeregt in der Flasche hin und her, planlos, unsystematisch, bis sie, eine nach der anderen und jede einzelne zufällig, die Öffnung finden. Die Bienen sterben. Die Fliegen überleben.

Die Bienen sterben, weil sie ihrem Programm folgen. Dieses Programm heißt Erfahrung – Regelhaftigkeit – Koordination. Sie antworten auf veränderte Umstände mit »Weiter-wie-bisher«. Die Fliegen hingegen überleben, weil sie situationsbunt antworten, auf effizientes, koordiniertes Vorgehen verzichten und dem Zufall eine Chance geben. Vielleicht kennen Sie auch einen Menschen, der erfolgreich wurde, gerade *weil* er keine Erfahrung hatte. Beispielsweise hatte der Airbnb-Gründer Brian Chesky vom Hotelwesen keine Ahnung. Im Grunde engt nämlich jede Erfahrung ein. Die Macht der Gewohnheit ist der härteste Klebstoff der Welt. Wenn wir mit einem bestimmten Vorgehen lange erfolgreich waren, können wir uns kaum vorstellen, dass wir auf andere, originelle Weise noch viel erfolgreicher sein könnten. Der Erfolg der Vergangenheit wird dann zur Krise der Zukunft.

Daraus lässt sich ein Rezept ableiten: Kreativität ist Finden-Lernen. Nicht suchen. Kleben Sie nicht an alten Programmen. Elon Musk glaubt den Vorteil von Start-ups gegenüber tradierten Unternehmen zu kennen: »Manager in arrivierten Firmen denken in Analogien. Sie müssen so denken. Alles, was sie denken, leiten sie analogisch aus dem bereits Erlebten ab. ... Aber analogisches Denken wird zum Ballast, wenn es um Innovationen geht.« Also: Lassen Sie Altes los – nur dann haben Sie die Freiheit, sich langfristig neu zu erfinden. Sie können mit Ideen und Prinzipien operieren, die nicht der Erfahrung entstammen, aber der Vernunft. Dafür müssen Sie die Zweckrationalität nicht aufgeben, aber »Slacks« (James March) als gewollte Achtlosigkeiten in Kauf nehmen – hoffend, dass daraus etwas Ertragreiches entsteht. Letztlich ist es eine *Vertrauensfrage*. Wollen Sie dem Prozess vertrauen? Das nicht nur etwas schnell erzeugt wird, sondern etwas auch langsam wächst? So wie es Steve Jobs sagte: »You can't connect the dots looking forward; you can only connect them looking backwards. So you have to trust that the dots will somehow connect in your future.«

15.

Day One. »Solange diese Stadt existiert, solange Winterlicht auf sie scheint, sind Aktien von Kodak die beste Investition.« Der Dichter und Nobelpreisträger Joseph Brodsky war zeitlebens von der fotogenen Schönheit Venedigs so hingerissen, dass er der Stadt 1991 empfahl, sich bei Finanzknappheit an das Unternehmen Eastman Kodak zu wenden – oder die Produkte dieser Firma mit ungeheuren Steuern zu belegen. Wie sehr sich der Dichter irrte. Venedig existiert noch, Kodak nicht mehr. Die Digitalfotografie hat gesiegt, die Analogfotografie verloren. Das ist doch ein gelungener Einstieg, nicht wahr?

Eastman Kodak machte 2012 die Bücher zu, nachdem es jahrzehntelang nahezu die gesamte Fotoindustrie beherrscht hatte. Was einst »A Kodak Moment« war, ist heute ein Selfie. Menschen haben nicht aufgehört, Fotos zu schießen; im Gegenteil, sie machen mehr Fotos als je zuvor. Doch das Geschäftsmodell hat sich vollständig geändert. Wir drucken keine Fotos mehr; wir platzieren sie in den sozialen Medien. Ironischerweise hatte Kodak die Digitalfotografie selbst erfunden, wollte aber sein eigenes Kerngeschäft nicht zerstören. Es fehlte an Weitsicht und an Vorstellungsvermögen.

Nun, das Beispiel ist bekannt. Was wenige wissen: Kodak war nahe dran, so etwas wie Facebook zu erfinden. 2001 hatte man das Unternehmen Ofoto gekauft, damals eine frühe Plattform, um Fotos auszutauschen. Mit einigen kleinen Änderungen hätte man genau das kreieren können, was heute Facebook ist. Aber Kodak tat etwas anderes. Es fragte: »Wie können wir diese Plattform nutzen, damit mehr Leute mehr Fotos drucken und Kaffeetassen oder T-Shirts damit verzieren?« Sie konnten dem Denkraum ihres alten Geschäftsmodells nicht entkommen. Wie die Bienen.

Was tun gegen den Methodismus? Misstrauen Sie vergangenen

Erfolgen! Was Sie bis hierher gebracht hat, wird Sie nicht dorthin bringen. Lassen Sie die Vergangenheit los, damit Neues entsteht – und sei diese Vergangenheit noch so glorreich. Ehren Sie sie, aber lassen Sie sie hinter sich. Nur dann können Sie wieder angreifen. Jeff Bezos hat diesen ewigen Angriffsmodus im Aktionärsbrief 2017 so beschrieben: »Tag zwei ist Stillstand. Gefolgt von Irrelevanz. Gefolgt von entsetzlichem, qualvollem Niedergang. Gefolgt von Tod. Und deswegen ist immer Tag eins.« Das Headquarter von Amazon in Seattle heißt »Day One«.

16.

Kannibalen. Nach Peter Drucker ist es die Hauptaufgabe des Unternehmens, die eigenen Produkte selbst abzuschaffen. So wie es Apple mit dem iPhone machte, das den iPod »auffraß«. Man muss sich gleichsam selbst kannibalisieren. Das tut weh. Unternehmer, die ihr eigenes Geld einsetzen, haben es leichter. Sie sind nicht rechenschaftspflichtig. Sie können in Antizipation der Zukunft mehr riskieren. Aber auch sie tun sich oft schwer. Natürlich, alles plappert nach, dass die Digitalisierung zugleich Risiko und Chance ist. Jedoch sehen die meisten Unternehmen vorrangig das Risiko. Sie denken nicht radikal genug. Sie zögern, sich vom Alten zu trennen und sich in Neues hineinzubewegen. Weil es ihre Gewinne bedroht. Das erinnert mich an die 3M, die noch über ein Jahrzehnt an der Produktion von Musikkassetten (Scotch) festhielt, obwohl die Nachfrage förmlich kollabiert war. Man war halt immer noch Marktführer …

Wenn Sie zu den Festhalte-Managern gehören, lassen Sie mich in aller Klarheit sagen: Damit bedrohen Sie die Zukunft Ihres Unternehmens! Sie müssen sich die Frage gefallen lassen: Wollen Sie das Untergraben Ihres Geschäftsmodells andern überlassen? Die Negativ-Beispiele sind bekannt: Kodak natürlich, Kaufhäuser, Motorola, Palm, Ericsson Smith Corona und Nokia etwa. Die Positiv-Beispiele auch: Fujifilm – Medizintechnik statt Fotos; Hilti – Mieten statt Kaufen; Nespresso – Club statt Großküche. Google investiert (wie viele andere) in Sprachassistenten – und zerstört damit den Bildschirm, Googles wichtigste Einnahmequelle.

Daimler besitzt mit Car2Go, Moovel, Mytaxi und Turo gleich ein ganzes Arsenal an Diensten, die den Kunden helfen, auf ein Auto zu verzichten. Auch Klöckners CEO Gisbert Rühl wartete nicht auf den großen Angriff; er fuhr mit seinen Kollegen ins Silicon Valley und fragte dort gezielt, wie man das eigene

Geschäftsmodell zerstören könnte. Ergebnis war die bereits erwähnte Handels-Plattform.

Interessant auch die Graubündener Medizintechnikfirma Hamilton. Sie wendet bis zu 20 Prozent ihres Umsatzes für Forschung und Entwicklung auf. Im Jahr 2016 kam man auf 30 Erfindungen, aus denen etwa 150 Patente hervorgingen. Das ist viel im Vergleich zu den Wettbewerbern Dräger, Medtronic, Macquet. Ihr öffentlich ausgewiesenes Rezept: Kannibalisierung. »Wir haben keine Angst, unsere eigenen Produkte zu verdrängen.« So Konzernchef Andreas Wieland, von dem erzählt wird, er sei beim Mittagessen von der Idee eines Mitarbeiters für ein Software-Projekt so begeistert gewesen, dass er ihn mit einer von ihm signierten Papierserviette in die Buchhaltung geschickt habe, um den 500 000-Franken-Kredit genehmigen zu lassen.

Ich plädiere für die Kannibalen-Methode: Gehen Sie auf kreative Leute zu und kaufen Sie sich digitale Ideen für die Selbstdemontage. Wenn Sie diese Ideen haben, beginnen Sie damit, diese umzusetzen. Werden Sie zu Ihrem eigenen Gegner (den kennen Sie wenigstens). Kannibalisieren Sie sich – bevor es andere tun.

17.

Moonshot Thinking. »Nichts ist so stabil wie der Wandel.«
Wie oft schon wurde dieses Management-Mantra nachgebetet.
Wie oft schon wurde es ignoriert. Dieses Ignorieren hat durch
die Digitalisierung eine neue Qualität bekommen. Gleichsam
über Nacht kann die Vergangenheit abbrechen und Sie vor eine
völlig neue Situation stellen. Das ist in dieser Schärfe historisch
vorbildlos.

Wenn Sie dem zustimmen, dann müssen Sie Ihre Organisation befähigen, mit Überraschungen umzugehen. Das sind technische Durchbrüche, plötzliche Marktentwicklungen, unvorhersehbare Wendungen, sich zufällig bietende Chancen, ein
wegbrechendes Händlernetz, eine plötzliche Währungsschwankung, die Sprunghaftigkeit der Politik. Vielleicht erinnern Sie
sich noch an die plötzliche Öffnung des europäischen Ostens
1989 und die sich daraus ergebenen Turbulenzen. Oder an die
Wahl Donald Trumps – es gab wohl kaum Bizarreres.

Was befähigt Sie, mit Überraschungen kreativ umzugehen?
Nun, zunächst diese überhaupt für möglich zu halten. Sogar für
wahrscheinlich. Etliche Forscher sagen: für totsicher.

Wichtig erscheint mir, dass Sie, der Lieblingsspruch aller
Manager, »die Hausaufgaben machen«. Um im digitalen Zeitalter erfolgreich zu sein (im Sinne von »überleben«), ist eine
schnelle Anpassung an neuartige Marktanforderungen unerlässlich. Für das Überraschende sind Sie nicht verantwortlich;
wie Sie darauf reagieren, schon.

Eine Übung dazu, stellvertretend für viele: »Moonshot
Thinking«. So, wie die überraschende Entdeckung bei der
Mondlandung nicht der Mond war, sondern der blaue Planet
Erde, den man vom All aus sah, so können Sie von der Zukunft
her denken. Und, gleichsam von dieser zurückblickend, sich in
der Gegenwart auf Überraschendes vorbereiten. Beginnen Sie

mit der Frage, mit der jeder kreative Prozess startet: »Was wäre, wenn …« Zum Beispiel: »Was wäre, wenn es plötzlich keine Nachfrage mehr für unsere Produkte/Dienstleistungen gäbe? Was täten wir dann?« Oder: »Was wäre, wenn es unversehens eine ganz andere Nachfrage gäbe? Wie könnten wir uns darauf einstellen?« Beide Fragen weisen in die Zukunft, die eine pessimistisch, die andere optimistisch. Und die Lösungen sind offen. Sie können für diese Übung einen großen Raum wählen und ihn unterteilen in einen »Raum des Problems« und einen »Raum der Lösung«. Die Teilnehmer können hin und her wandern und jeweils ihre Gedanken äußern. Auf großen Pin-Wänden werden die Gedanken zusammengefasst. Es geht bei dieser Übung nicht so sehr um konkret Umsetzbares, sondern um die Entwicklung von Überraschungsfreundlichkeit. Das Festgewordene soll verflüssigt werden. Das können Sie ausprobieren auch ohne »Innovation Evangelists«, von denen bei Google weltweit etwa 500 herumlaufen.

Darum geht es: Verlassen Sie den *Raum der Lösung* und betreten Sie den *Raum des Problems!* So können Sie neue Ideen finden, die um ein Vielfaches besser sind als die aktuellen Problemlösungen. Dazu braucht es Mut und die Fähigkeit zum geistigen Experiment. Und eine Umgebung, die ein hohes Maß an psychologischer Sicherheit bietet. Sonst riskiert niemand etwas. Angst ist der Todfeind der Kreativität. Kreativ sind nur Menschen, die keine Angst um ihren Job haben. Bedenken Sie: Bei den großen Internetfirmen werden 98 Prozent der Ideen nicht umgesetzt bzw. scheitern. Wer das als persönliche Niederlage erlebt, hat ein hartes Leben. Denn in der digitalen Welt geht es nicht so sehr darum, die Zukunft zu kennen und sich strategisch optimal zu positionieren. Sondern veränderungsfähig zu bleiben. Oder zu werden.

18.

Konformitätsdruck zurückfahren. Wo waren wir? Ach ja, sich von alten Lösungen trennen. Bleiben wir beim Thema und betrachten ein wesentliches Bauelement des alten Maschinendenkens: Konformität. Wenn Sie in einer Organisation arbeiten, müssen Sie sich anpassen. Das kennen Sie. Kein Unternehmen kommt ohne organisationskonformes Verhalten seiner Mitglieder aus. Bis zu einem gewissen Grad! Ist dieser Grad überschritten, dann sinkt die Produktivität. Und an Kreativität ist nicht mehr zu denken. Arno Penzias, der zusammen mit Robert Wilson 1978 den Nobelpreis für Physik erhielt und als Forschungschef bis 1998 für Lucent Technologies arbeitete:»You can't be creative and conform, too. You have to recognize that what makes you different also makes you creative.« Genau darum geht es: Kreativität ist die Fähigkeit, etwas Ungewöhnliches zu sehen, zu denken, zu fühlen. Und in einem Klima zu arbeiten, das diesen Unterschied wertschätzt. Wenn Sie Kreativität wollen, dann begrüßen Sie die Vielfalt. Nicht die Einfalt.

Wie können Sie diesen Unterschied im Unternehmen realisieren? Wie können Sie das ermutigen, was die Harvard-Lehrerin Francesca Gino »konstruktiven Nonkonformismus« nennt? Wenn es um Kreativität geht, beschäftigen sich die Unternehmen vorrangig damit, das kreative Potenzial *von Menschen* zu optimieren:»Wir drücken hier auf den Knopf und beim Mitarbeiter geht die gelbe Kreativitätslampe an« – wie ehedem beim Helferchen des genialen Daniel Düsentrieb. Hingegen wissen wir aus der Forschung seit Jahrzehnten, dass nicht das Individuum, sondern der *institutionelle Rahmen* die entscheidende Stellgröße für die Wohlfahrt sozialer Systeme ist. Nicht die mentale Umorientierung macht Unternehmen erfolgreich, sondern das Aufbrechen institutioneller Blockaden.

Das gilt auch und vor allem für Kreativität. Ein Konzept orga-

nisatorischen Wandels, das die Transformation von individuellen Einstellungen voraussetzt, brauchen Sie gar nicht erst zu
starten. Es ist hoffnungslos unterkomplex. Sparen Sie sich das
Trainieren und Coachen. Wichtiger ist, die Rahmenbedingungen zu kennen, die kreative Leistungen ermöglichen. Dazu will
ich Ihnen zunächst sagen, dass es keine allseits bewährte Formel
zur Erzeugung kreativer Leistungen gibt. Es ist leider viel einfacher, Kreativität im Keim zu ersticken. Wenn Sie aber um diese
Erstickungen wissen, können Sie sie verhindern. Erst danach
sollten Sie überlegen, was *zusätzlich* zu tun wäre.

Meine Empfehlung: Fahren Sie den Homogenitätsdruck
zurück. Überprüfen Sie bei allen Führungsinstrumenten, ob sie
übermäßig die Anpassung betonen. Setzen Sie sich dafür ein,
dass Feedback-Gespräche nicht zu Bekehrungs- und Begradi-
gungsritualen verkommen. Anerkennen Sie Ihre Mitarbeiter für
ihre Initiative, nicht für ihre Konformität. Anerkennen Sie sie
für ihr Profil, für ihre Nichtaustauschbarkeit. Die Produktivität
kreativer Ensembles ist gerade auf die Einzigartigkeit ihrer Mitglieder angewiesen! Würdigen Sie den Mitarbeiter-Beitrag zum
Gemeinsamen, sorgen Sie für »recognition«. Aber rücken Sie
nicht das Gleichgerichtete ins Zentrum, sondern das Besondere.

19.

__Auf Belohnungen verzichten.__ Der Diskurs über Motivation war schon immer verkürzt. Selbst wenn man »motiviertes Handeln« für wichtig hielte, zielte entsprechende Initiative nie auf das Ergebnis – etwa Erfolg oder Resultate. Sondern auf ein Partikular davon: auf die Leistungs-Bereitschaft. Die beiden anderen Dimensionen von Leistung blieben davon unberührt: die Leistungs-Fähigkeit und die Leistungs-Möglichkeit. In einer Wissensökonomie sind aber Blut, Schweiß und Tränen jämmerlich anachronistisch. Man kann sich nicht »anstrengen«, kreativ zu sein. Fähigkeit, Talent und Wissen sind ungleich wichtiger; ebenso Rahmenbedingungen und Marktchancen.

Mehr noch: Dass Belohnung Kreativität *zerstört*, ist gesichertes Wissen. Es gibt mittlerweile gut zwei Dutzend Studien, die zweifelsfrei nachweisen, dass Belohnung dazu verleitet, den *sicheren* Weg zu wählen. Nämlich genau den, der zuverlässig die Belohnung verspricht. Und nicht den, der scheitern könnte. Deshalb werden einfache, schnell lösbare und quantitative Aufgaben bevorzugt. Alles Tastende, Suchende, Unsichere wird gemieden. Die Bereitschaft sinkt, Risiken auf sich zu nehmen, neue Möglichkeiten auszuloten, komplexe und langwierige Prozesse zu begleiten. Man will unbedingt die Prämie bekommen – so schnell wie möglich. John Condry von der Cornell University spricht von Belohnungen als den »Feinden der Neugier«. Tödlich für Digitalisierungs-Chancen. Ich kann Ihnen nur dringend empfehlen: Verzichten Sie in aller Entschiedenheit auf (extrinsische) Belohnungen. Sonst verzichten Sie auf die Segnungen der Kreativität.

Der innovative Geist verdankt sich vielmehr dem explorativen Verhalten, einer anthropologischen Konstante. Deshalb weisen kreative Menschen ohnehin ein hohes Motivationsniveau auf. Intrinsische, an der Aufgabe orientierte Motive sind die eigentlichen Antriebe für kreative Leistungen. Das heißt aber nicht, dass Kreative ohne Anerkennung leben können. Das können nur die wenigsten. Die Wertschätzung, die ein Kreativer erwartet, gilt aber weniger seiner Person als seiner Idee. Für ihn ist entscheidend, dass Kreativität vom Unternehmen allgemein hochgeschätzt wird, dass man seine Ideen ernst nimmt, mit ihnen sorgsam umgeht. Dies umso mehr, als die meisten Ideen nicht umgesetzt oder oft nur sehr verwässert realisiert werden. Hier macht das Digitale keinen Unterschied zum Analogen: Das Neue entsteht aus Neugier, nicht aus Eifer.

20.

Innovations-Management abschaffen. Stellen Sie sich vor, Ihnen ist etwas Kreatives eingefallen: Sie wollen einen Prozess im Unternehmen verbessern. In traditionellen Unternehmen schreiben Sie die Idee auf und speichern sie ein ins »Betriebliche Vorschlagswesen«, in den »Kontinuierlichen Verbesserungsprozess« oder, wie man heute sagt, ins »Innovations-Management-System«. Alternativ gehen Sie damit zuerst zum Chef. Wenn der kein Interesse hat, stirbt Ihre Idee. Es ist also der Chef oder der Chef Ihres Chefs, der den Erfolg Ihrer Idee bestimmt. – Vergleichen Sie mal diese Situation mit Beispielen aus dem Silicon Valley, wo Tausende Menschen nach immer neuen Alternativen suchen!

Wie gesagt, Institutionen prägen das Verhalten der Menschen weit mehr, als Menschen die Institutionen prägen. Deshalb ist es wichtig, sich die impliziten Botschaften der Institution anzuschauen. Was kommuniziert eine Institution wie das »Innovations-Management«? Was sagt es aus, wenn Sie Formulare ausfüllen, Prozesse festlegen, Prämien verteilen? Genau: dass Mitarbeiter in der Regel nicht mitdenken; dass sie nur mitdenken, wenn es belohnt wird. Das ist der Inbegriff der Anti-Kreativität. Es muss Ihnen doch darum gehen, Kreativität und ständige Verbesserung in das tägliche Miteinander zu integrieren. Kreativität ist dann

- nicht die Ausnahme, sondern die Regel
- nichts Moralisches, sondern Selbstverständliches
- nichts für wenige, sondern für alle.

Also, kommen wir zur Sache: Schaffen Sie das »Innovations-Management« ab! Es steht für alles, was Sie am wenigsten brauchen. Kein Unternehmen kann es sich heute leisten, Kreativität als *Sonderleistung* auszuweisen. Sie brauchen die permanente Revolution, die Dauerfrage »Was und wie anders machen?«. Die 3M – das Unternehmen, bei dem ich mein Handwerk gelernt habe und zweifellos eines der innovativsten der Welt – hat das BVW (Betriebliches Vorschlagswesen) schon vor Jahren abgeschafft. Es sei anachronistisch, zu Beginn des 3. Jahrtausends Kreativität zusätzlich zu belohnen. Zudem in einem Unternehmen, dessen Hauptkompetenz die Innovationsfähigkeit ist. Dieses Argument sollten Sie ernsthaft prüfen. Glauben Sie nicht, Sie könnten »erstmal« an diesem bürokratischen Monster festhalten. Es ist wie bei einer Knochenfraktur: Die Schiene fixiert auch die grundsätzliche Fehlhaltung. Wenn Sie wollen, dass Ideen frei fließen, dann müssen Sie raus aus der Schiene, dann muss die alte Schiene weg.

21.

Auf einen CIO verzichten. In Unternehmen beginnt alles in Begeisterung und endet in Organisation. Dahinter steckt ein veritables Problem. Unternehmen müssen für Initiativen eine bestimmte »Form« finden, die von der Organisation anerkannt wird. Diese Institutionalisierung hat Nebenwirkungen. Nehmen wir die F & E-Abteilung. Wenn Sie ein wenig im systemischen Denken zuhause sind, dann wissen Sie: Die bare Existenz einer solchen Abteilung lädt die Mitarbeiter dazu ein, Verantwortung an diese Abteilung abzugeben. Kreativität wird zur Sache geschlossener, exklusiver Zirkel. Sie selbst sind dann gleichsam vom Kreativitätsanspruch »befreit«.

Denselben Effekt haben Sie, wenn Sie zum Beispiel einen »Innovations-Manager« oder gleich einen CIO, »Chief Innovation Officer«, etablieren. Der soll dafür sorgen, dass Initiativen nicht versanden. Auch das hat Nebenwirkungen. Ohne explizite Absicht lädt er alle anderen ein, Innovation ihm zu überlassen: »Wir haben da jetzt so einen Spezialisten … lass den mal machen!« Dieser Spezialist arbeitet oft jahrelang daran, dass die Linienkollegen wieder die Verantwortung für Innovation »zurücknehmen«. Was er zugleich durch seine bare Existenz dementiert.

Ein Dilemma. Was tun? Wenn Kreativität wirklich prioritär ist, dann dürfen Sie sie nicht an eine Institution »abschieben«. Verlassen Sie sich nicht auf Forschungsabteilungen! Jeder kann gute Ideen haben. Binden Sie alle Mitarbeiter in den Kreativitätsprozess ein. Sollten Sie Unternehmenschef sein, sind *Sie* der Hauptmotor. Vielleicht können Sie etwas mit einer Gandhi-Adaption anfangen: »Ich bin die Kreativität, die ich im Unternehmen sehen will.« Genau aus diesem Grunde hat Amazon auf einen CIO verzichtet. Aber das Unternehmen hat auch einen entsprechenden Unternehmenschef …

Den muss man nicht mögen. Nimmt man jedoch die Erfolge der digitalen Wirtschaft zum Maßstab, dann sind diese mit Digital-Kompetenz auf der Chefetage verbunden. Google, Facebook, eBay, Amazon, Twitter, IBM, bei den Chinesen Tencent und Sina Weibo: Die Top-Jobs sind mit Informatikern besetzt. Zumindest ein Hinweis, dass die digitale Transformation Chefsache ist. Sie müssen ja nicht gleich selbst programmieren.

22.

Kostenvernichtungsscharfsinn. »Wer zu spät an die Kosten denkt, ruiniert sein Unternehmen. Wer zu früh an die Kosten denkt, tötet die Kreativität.« So einst der deutsche Industrielle Philip Rosenthal. Sie sehen: Das Dilemma zwischen Sparsamkeit und Einfallsreichtum war schon immer ein Drahtseilakt. Fragte man jedoch früher nach Prinzipien für dauerhaften Unternehmenserfolg, dann rangierte Effizienz vor Innovation. Gute Unternehmen beherzigten den Spruch »Schuster, bleib bei deinem Leisten«. Das war und ist auch heute noch so: »Kostenmanagement«, »Synergien erschließen« – das sind die Stichworte.

Man kann sich jedoch nicht in die Zukunft sparen. Wer kreative Leistungen in Unternehmen erzeugen will, muss fragen: »Was *kostet* uns Effizienz?« Es ist ja nicht so, als sei Effizienz kostenlos. Sie kann alles schwächen, was ein Unternehmen zukunftsfähig macht: Flexibilität, Redundanz – und eben auch Kreativität, die zunächst immer *Ineffizienzen* mit sich bringt. Komplexität baut sich auf, Fehler passieren. Und es hat sich auch noch niemand die Karriereleiter hochgefehlert.

Der kreative Aufbruch steht also in Spannung zur Führungsaufgabe »Transaktionskosten senken« (ich darf an dieser Stelle auf mein Buch *Radikal führen* verweisen). Aber ohne Ineffizienzen eben keine Kreativität. Mein Rat an Sie liegt auf der Hand: Wenn Sie die Wiedereinführung der Kreativität ins Unternehmen wollen, dann eichen Sie Ihre Organisation nicht auf Effizienz. Nicht *nur* auf Effizienz, will ich gerne konzedieren. Aber Sie müssen entscheiden, wo diese dominieren soll und wo sie an dem Ast sägt, auf dem Sie sitzen. Nichts ist in digitalen Zeiten so riskant wie das Vermeiden von riskanten Ideen. Insofern ist der überschießende Kostenvernichtungsscharfsinn ein Jahrhundertirrtum. Wenn Sie die Kosten der Kreativität scheuen, haben Sie bald gar keine Kosten mehr.

23.

Vertrauen. Vertrauen ist die Anschubfinanzierung der Kreativität. Wie das? Nun, Misstrauen erzeugt vorauslaufende Rechtfertigung. Je höher der Rechtfertigungsdruck, desto mehr wählen die Menschen den Weg, der sich rechtfertigen lässt. Sie tun dann das, was sich dem Mainstream anschmiegt. Das ist nicht der wagemutige Weg, der kreative, der scheitern könnte. Sondern der abgesicherte. Das nicht-gemachte Geschäft nimmt man hin, aber die nicht-gemachte Dokumentation ist ein Drama. Vor allem in Deutschland: Die Kritik am Bestehenden ist verbreitet; die Kritik am Entstehenden eine deutsche Spezialität.

Kreativität gedeiht daher nur unter einer Bedingung, die dem alten Paradigma der Organisation fremd ist: dem *Verzicht auf Rechtfertigung*. Wer will, dass seine Mitarbeiter kreativer werden, muss den institutionellen Rechtfertigungsdruck herunterfahren. Der akzeptiert Unsicherheit, gibt Kontrolle auf – jedenfalls weitgehend. Denn unter den Gesichtspunkten des erfolgreich Bestehenden ist das Neue extrem selten rechtfertigungsfähig.

Das können Sie stattdessen bereitstellen: ein weitgehend regulierungsverschontes und normentlastetes Territorium, auf dem sich die Menschen vergleichsweise frei bewegen können. Ist es nicht lebensangemessen, das scheinbar Außervernünftige zuzulassen, wo kein extremer Schaden zu fürchten ist? Ja sogar Neues entstehen kann? Das kommt dem Spielen nahe. Das tun Menschen nur in einer Atmosphäre des Vertrauens. Schauen Sie also kritisch auf alle Institutionen, die Rechtfertigungsdruck aufbauen. Kreativität braucht Raum! Schaffen Sie eine Atmosphäre, in der sich Kreativität entfalten kann – und nicht gefaltet wird.

24.

Scharf-, Weit- und Durchblick. Ein englischer Hundebesitzer hatte einen Greyhound, der in allen Hunderennen immer nur Zweiter wurde. Ein Tierarzt fand heraus, dass der Hund kurzsichtig war. Er bekam Kontaktlinsen. Das war kreativ. Seitdem gewinnt er ein Rennen nach dem anderen. Warum aber gewinnt ein Hund, wenn er Kontaktlinsen trägt? Der Greyhound war immer seinem Vordermann gefolgt. Sonst hätte er sich verlaufen. Jetzt aber kann er seine Stärken voll ausspielen.

Warum erzähle ich Ihnen diese Geschichte? Nun, alles redet von Innovation. Die Praxis zeigt jedoch häufig Imitation. Zum Beispiel: Benchmarking. Das ist die Ausbeutung von Vergangenheiten bestimmter Firmen zur Gestaltung der Zukünfte anderer Firmen. Die Anglisierung verschleiert den dürftigen Wesenskern: Es geht ums Vergleichen. Beim Vergleich wird etwas gleich gesetzt. Aber niemand ist gleich, auch kein Unternehmen. Fällt der Vergleich schlecht aus, hat die Rechtfertigungsorgie kein Ende. Doch selbst wenn Sie zuverlässige Informationen von bislang erfolgreichen Unternehmen bekommen, ist es problematisch, die Aussagen zu übertragen. Der Reifegrad eines Unternehmens ist entscheidend. Traditionen. Besonderheiten.

In digitalen Zeiten ist die Zurückgebliebenheit des Benchmarking-Konzepts zur Kenntlichkeit entstellt. Anti-kreativer geht es kaum. Was früher funktionierte, mag zwar immer noch in Grenzen nützlich sein, reicht aber schon heute nicht mehr aus. In Zukunft wird es sich mit Sicherheit als unzulänglich erweisen: Amazon kapert alles, Google saugt alles auf, Facebook auch. Unternehmen, die technologische Standards durchsetzen können, haben unermessliche Wettbewerbsvorteile. Man muss also selber experimentieren, schneller sein, wenn man »The winner takes it all« als digitale Regel anerkennt.

Auch wenn Sie situativ Produktivitätsgewinne über Benchmarking einheimsen, prägt das das kollektive Unbewusste des Unternehmens: Alles Gute kommt von anderen! Wir rennen dem Wettbewerb immer hinterher! Als Bonmot: Wer Benchmarks sät, wird Best Practices ernten. Diese Ernte versorgt das Unternehmen mit der defensiven Energie des Imitierens.

Das kann Ihnen in digitalen Zeiten nicht helfen, da werden wir uns einig sein. Das ist etwas für kleine Geister, niemals aber etwas für den Aufbruch zu neuen Ufern. Mein Rat: Raus aus dem Vergleich! Verschwenden Sie keine Energie, um auf den Wettbewerb zu schielen. Konzentrieren Sie sich auf sich selbst. Entwickeln Sie kreative Angebote, die die Kunden begeistern und als Innovationen neues Marktpotenzial erobern. Nur dann macht die Zukunft Spaß.

Muss ich noch die Lektion der Greyhound-Geschichte nachreichen? Sollte das wider Erwarten der Fall sein, hier ist sie: Wenn Sie immer nur dem Vordermann nachrennen, werden Sie niemals Erster. Sorgen Sie selber für Scharf-, Weit- und Durchblick.

25.

Verderbliche Ware. Der Wohlstand einer Gesellschaft beruht auf ihrer Fähigkeit zur permanenten Innovation. Darüber sind sich Wirtschaftshistoriker einig. So gab es zu Beginn der Industrialisierung nirgends eine so ausgeprägte Erfinderkultur wie in England. An diesem Wandel beteiligten sich nicht nur die Gebildeten, sondern auch Handwerker, bei denen das Ausprobieren neuer Verfahren sehr beliebt war. Auch die Tatsache, dass sich die englische Krone schon im 16. Jahrhundert von der katholischen Kirche losgesagt hatte, mag als Befreiung von Fesseln eine Rolle gespielt haben. Grundsätzlich herrschte eine kulturelle Gestimmtheit, an der sich vielleicht nicht alle, aber doch viele beteiligten. Das Alte wurde nicht ängstlich verteidigt, sondern die Vorfreude auf das Neue gefeiert. Diese Neu-Gier war die mentale Voraussetzung für technologische Durchbrüche im späten 18. Jahrhundert: revolutionäre Verfahren für den Kohleabbau, die Eisenherstellung, die Baumwollspinnerei. Der Wirtschaftshistoriker David Landes spricht von der »Erfindung der Erfindung«.

Wie können Sie ein solches Klima begünstigen? Sie müssen keine Wohlfühloasen einrichten, Rückenmassagen anbieten und Flipperkästen aufstellen. Geben Sie vielmehr Freiheit – mentale Freiheit. Sie brauchen eine experimentelle Einstellung in Ihrem Unternehmen. Sie brauchen eine kollektive Einstellung: »Warum eigentlich nicht?« Starre bürokratische Abläufe sind Gift, ebenso der Zwang zu hierarchischer Kommunikation. Bei der Hotelsuchplattform Trivago, dem einzigen deutschen Einhorn, also eines Start-up mit mindestens einer Milliarde Dollar Börsenwert (aktuell 5,1 Mrd. Dollar), wird wenig Wert auf Hierarchie gelegt. Man rotiert die Zuständigkeiten und Aufgaben. Selbst die Vorstände wechseln jährlich den Bereich – außer dem Finanzchef, der börsenbedingt seine Position behalten muss.

Kreativität kann man auf verschiedene Weise impulsieren. Indem Sie z. B. interessante Menschen einstellen, die anregende Kollegen sind. Aus dem Fußball oder der Musik kennen wir sehr augenfällig Beispiele, wie einzelne Spieler auf die Ideen anderer angewiesen sind, um ihre Wirkung zu entfalten: Lennon/McCartney, Messi/Iniesta. Und wie sie ohne den anderen ihre Kreativität einbüßen. Schauen Sie zudem genau hin, wen Sie befördern: den Kreativen oder den Bürokraten? Sorgen Sie dafür, dass Reichsbedenkenträger große Ideen nicht zu früh kleinreden – und tun Sie das auch selbst nicht. Denn, so der »Kreative« Jean-Remy von Matt, Kreativität ist eine »leicht verderbliche Ware«. Kreativität werde leicht durch ein »zu viel« erstickt: zu viele Beteiligte, zu viele Interessen, zu viele Meetings.

26.

<u>Autoplastische Botschaften.</u> Steter Tropfen höhlt die Geschäftsleitung. Das werden Sie kennen. Aber auch verfestigte Mitarbeitereinstellungen können so unterspült werden. Zum Beispiel durch Botschaften, die Sie implizit oder explizit senden und die die Wirklichkeit formen. Die Berliner unter Ihnen erinnern sich vielleicht noch an den Slogan der Stadtreinigung, die mit ihrem Leistungsversprechen »We kehr for you« eine enorme Wirkung erzielte. Sowohl nach innen als auch nach außen.

Eine vom Harvard Business Manager veröffentlichte Studie belegt abermals die autoplastische, die selbstbildnerische Kraft von Botschaften. Danach erhielten die Probanden einmal wöchentlich vier verschiedene E-Mails mit Aufforderungen folgenden Wortlauts: »Nehmen Sie eingeführte Systeme und Verfahrensweisen nicht als gegeben hin. Fragen Sie sich regelmäßig, warum Sie Ihre Arbeit so erledigen, wie Sie es derzeit tun, und ob es nicht auf eine bessere Art möglich wäre.« Oder: »Wenn Sie merken, dass Sie Ihren Kollegen nur zustimmen, um die Konfrontation zu vermeiden, kämpfen Sie gegen dieses Bedürfnis an und sprechen Sie Ihre wahre Meinung offen aus.« Es war unwichtig, wie die Probanden dieser Studie reagierten, ob sie den Aufforderungen folgten oder nicht. Interessant war der Vergleich mit einer Kontrollgruppe, die *keine* E-Mails erhielt. Nach der Eigeneinschätzung der Probanden (Skala 1 – 10) fühlten sich die E-Mail-Empfänger zu 21 Prozent engagierter in ihrem Job als die Nicht-Empfänger. Sie ergriffen mit 18 Prozent höherer Wahrscheinlichkeit die Initiative für kreative Prozesse.

Die Studie verdeutlicht die Macht der Botschaften. Daher meine Anregung: Überprüfen Sie die vielen impliziten Botschaften, die in E-Mails, Richtlinien und Führungsinstrumenten »eingebaut« sind. Diese rufen den Menschen vielfach zu: »Hör auf zu denken!«, »Sei konform, konform, konform!«, »Lebe deine Kreativität im Baumarkt aus, nicht hier!«. Das *erzeugt* innere Einstellungen. Diese Realität schaffende Wirkung vieler Institutionen im Unternehmen wird leider selten beachtet.

Stellen Sie sich ernsthaft und wiederholt die Frage: Was lässt unsere Leute immer ähnlicher werden? Warum passen sie sich oft so schnell und widerstandslos an? Warum graben sich – gerade in Konzernen – so wenig Menschen als Repräsentanten großen Eigensinns in die Erinnerung? Analysieren Sie nicht Ihre Mitarbeiter, sondern die versteckten psychologischen Botschaften der Institutionen. Prüfen Sie bei jeder Entscheidung: Wird dadurch Kreativität ermöglicht? Oder zerstört? Wird hier Initiative gefördert? Oder verhindert? Wenn Sie auf sich selbst schauen: Widerstehen Sie dem Drang, die Erwartungen anderer umstandslos zu erfüllen! Unterwerfen Sie sich nicht widerstandslos dem Status quo! Behalten Sie Ihre unternehmerische Unnachgiebigkeit! Natürlich, es gibt die normative Kraft des Faktischen. Aber es gibt auch die faktische Kraft des Normativen. Ermutigende Botschaften können die verstärken.

27.

Hackathon. Es gibt einige Methoden, die die digitale Kreativität ins Zentrum stellen. Zum Beispiel Innovation Jams oder Open-Source-Events. Ebenso Online-Plattformen, auf denen Kollegen ihre Ideen präsentieren, kommentieren und weiterentwickeln können. Aber kennen Sie sogenannte »Hackathons«?

Im Februar 2017 nahm ich an einer solchen Konferenz in Zürich teil. Ich wollte digitale Luft schnuppern, wusste, dass Facebook den »Gefällt-mir«-Button durch einen »Hackathon« entwickelt hatte und interessierte mich dafür, wie so ein Event funktioniert. Ein »Hackathon«, eine Wortverbindung von »Hacking« und »Marathon«, ist eine mehrtägige Kreativveranstaltung. Man lässt sich registrieren (beeilen Sie sich, viele Veranstaltungen sind innerhalb eines Tages ausgebucht!) und sitzt dann mit mehr oder weniger technikaffinen Leuten in Kleingruppen à vier bis sechs Teilnehmern zusammen. In meinem Fall ging es darum, Probleme der Stadt Zürich zu lösen. Der Schwerpunkt lag auf dem Internet der Dinge (IoT). Beispielsweise: Wie können wir auf digitalem Wege die Parkplatzsuche vereinfachen? Mit welchen Applikationen lässt sich das Beleuchtungssystem optimieren? Gibt es digitale Möglichkeiten, um den Grundwasserspiegel festzustellen und zu regulieren? Meffert/Meffert berichten vom Einzelhandelskonzern Sainsbury's, der alle 160 000 Mitarbeiter bat, Ideen einzureichen, die das Leben von Kunden und Mitarbeitern erleichtern könnten. Beim darauffolgenden Hackathon wurden die sechs besten Ideen innerhalb von 24 Stunden zu Prototypen geformt und in einen Testlauf geschickt.

Die Atmosphäre: Man arbeitet schnell, pragmatisch und hierarchiefrei, auf der Basis des besseren Arguments. Mehr noch: Die Gespräche sind geprägt von der Großzügigkeit des Wissensteilens. Auf meine Frage an Teilnehmer, warum sie mitmachen, wurde kein einziges Mal das Preisgeld genannt, sondern lediglich die Herausforderung der Aufgabe und die Freude an der Zusammenarbeit mit anderen Experten. Etliche Teilnehmer hatten bereits Hackathons besucht, die von Firmen als Wettbewerbe ausgeschrieben wurden. Die Unternehmen holen sich auf diese Weise externe Kompetenz für bestimmte Probleme ins Haus, ohne sich langfristig zu binden.

Meine Anregung: Wenn Sie frischen Ideen-Wind brauchen – wäre ein Hackathon nicht auch etwas für Sie? Mischen Sie interne Mitarbeiter und externe. Warum eigene Entwickler haben, wenn es doch Kunden gibt? Schicken Sie Ihre Mitarbeiter auf eine solche Veranstaltung. Sie werden sehen: Die kommen richtig energetisiert nach Hause. Ich war es jedenfalls.

28.

Überlebenselixier. Der Klassiker der Personalauswahl: Insgeheim suchen Sie jemanden, der Ihnen ähnlich ist. Mit Konsequenzen: Wenn Sie sich mit Leuten umgeben, die dasselbe denken wie Sie, werden Sie in Zukunft nur noch überzeugter denken, dass Sie zu Recht so denken. Von der Biologie können wir hingegen lernen, dass die Natur deshalb floriert, weil sie viele und unterschiedliche Optionen schafft. Überleben funktioniert durch Zufall/Verschwendung/Schlamperei, oder mit anderen Worten: durch Originalität/Risikobereitschaft/Erfolgskontrolle/Neuanpassung. Das Erfolgsmodell beruht mithin auf dem Gegenteil von Planung/Sparsamkeit/Erhaltungssubvention/Besitzstandswahrung.

Die Wissenschaft hält dort ein Geschenk für Sie bereit: Je schneller die Umweltbedingungen sich ändern, desto mehr wird das kreative Prinzip prämiert, die *Abweichung*. Wenn die Zukunft unberechenbarer wird, die Vertrautheitsbestände in immer kürzeren Halbwertzeiten zerfallen, dann verbessert einzig die Ausweitung des Varianzpools zukünftige Selektionschancen. Varianz ist aus Sicht der Selektion immer auch Redundanz – und somit eine Anpassungsreserve. »Survival of the fittest« (was ja den »Angepasstesten« überleben lässt, nicht den Stärksten) ist nur möglich durch immer neue Aufnahme von Diversität in die Spezies.

Ein Rezept lässt sich daraus leicht formulieren: Lassen Sie in digitalen Zeiten vermehrt Abweichungen zu! Setzen Sie auf Diversifizierung! Seien Sie verschwenderisch mit der Erprobung neuer »Typen«. Stellen Sie unterschiedlichste Mitarbeiter ein. Mitarbeiter mit divergentem Blickwinkel, Herkunft, Ausbildung, Interessen, Branchen. Diversität steigert die verfügbare Vielfalt der Ideen und Problemlösungsoptionen. Steve Jobs hat immer wieder betont, dass das Team, das einst den Mac erschuf, berufliche Werdegänge in Anthropologie, Kunst, Geschichte und Poetik aufwies. Ganz zu schweigen von dem Einfluss, den sein Zen-Lehrer Kobun auf das Design hatte.

Was Sie noch tun können, um den Geist des Widerspruchs zu animieren: Über den Tellerrand des eigenen Fachgebietes hinausschauen. Kongresse besuchen, um mit Trendsettern verschiedener Branchen und Fachbereiche direkt ins Gespräch zu kommen. Bücher von Autoren lesen, deren Auffassungen Sie nicht teilen. Zeitungen lesen, deren richtungspolitische Tendenz nicht der eigenen entspricht. Sollten Sie CEO sein: sich an 30 Arbeitstagen des Jahres auf Kongressen weltweit mit Irritationen versorgen. Sonst machen Sie Ihren Job nicht. Weiter: Kleine Formate sind hilfreich, große Tribünen kontraproduktiv. Sie können auch bei Meetings Rollen verteilen: Pro-Anwalt und Contra-Anwalt. Oder sich einen »Killerfisch« ins Unternehmen holen – so wie es Nestlé mit Ulf Schneider tat. Man kann sich nur auf etwas stützen, das Widerstand leistet.

29.

Eine Frage der Mischung. In altorganisatorischen Zeiten galt eine möglichst homogene Mitarbeiterschaft als Erfolgsgarant. Konformität war Trumpf. Das gilt heute nicht mehr uneingeschränkt. Heute heißt das Schlagwort eher »Diversity«. Das hilft dem Unternehmen, intern die Komplexität der Märkte abzubilden.

Leider hat sich das Thema in die politische Korrektheit verirrt. Das sollte Sie nicht verleiten, die Augen vor der Realität zu verschließen. Größere Diversität ist nicht kostenlos, sie hat eine Gegenbuchung: Der Vertrauensspegel im Unternehmen sinkt, weil die Vertrautheit fehlt. Entsprechend wird man oft auch nicht schneller, sondern zunächst eher langsamer, weil die Abstimmungsprozesse länger dauern. Das wird oft übersehen. Menschen aus unterschiedlichen Kulturkreisen müssen erst einmal einen »Draht« zueinander finden. Dieser stellt sich nicht von alleine ein, es braucht Zeit, bis man sich die Gemeinsamkeiten erarbeitet hat. Schauen Sie auf Fußballmannschaften, in denen viele nationale Herkünfte zusammenspielen: Die Spieler verbringen Monate in Trainingslagern, um sich aufeinander einzustellen (dabei ist Fußball ja ein vergleichsweise einfaches Spiel).

Etlichen Mitarbeitern gelingt es nicht, gleichsam voraussetzungslos ins Vertrauen zu springen. Außerdem ergibt sich vieles nicht mehr aus kultureller Selbstverständlichkeit, sondern muss geregelt werden, wenn man Dauerkonflikte vermeiden will. Häufig, das werden Sie auch schon erlebt haben, bilden sich Subgruppen in globalen Teams. Diese isolieren nicht selten einzelne Teammitglieder aus kulturellen oder schlicht geographischen Gründen. Die gesamtgesellschaftlichen Individualisierungsschübe tun ein Übriges. All das erzeugt verdeckte Transaktionskosten.

Vielfalt ist also weder gut noch schlecht. Agil (früher sagte man »flexibel«) heißt ja, beweglich bleiben, anpassungsfähig. Agil heißt nicht, alles Bewährte wegzuwerfen; auf der Suche nach dem Besseren wird ohnehin das Gute oft vorschnell geopfert. Es geht darum, den optimalen Grad an Vielfalt zu finden. Und dieser Grad ist weder eine modische noch eine ideologische Größe, sondern muss von den konkreten Marktbedingungen her bestimmt werden. Im Idealfall entscheiden die Kunden die Mischung – und die sind auch zunehmend heterogen.

Rezeptologisch heißt das: Wenn in Ihren Unternehmen der Konformitätsgrad zu hoch ist – nehmen Sie Ihren Störungsauftrag wahr! Setzen Sie bei der Personalauswahl die richtigen Zeichen, auch bei Personaleinsatz und -entwicklung. Ziehen Sie »eckige Leute« vor. Leute mit Eigensinn, die im besten Sinne Sand im Getriebe sein können. Wenn Sie es mit der »Diversity« aber übertrieben haben, dann sollten Sie massiv in das Thema Vertrauen investieren. Auch wenn Sie dafür sehr langen Atem brauchen. Grundsätzlich aber sollten Sie nicht nur ein Ensemble individueller Hochleistungsprofile zusammenstellen, sondern auf die Balance des Teams als Ganzes achten. Extreme Spreizungen mögen politisch korrekt sein, sind aber selten produktiv.

30.

Früh Kunden einbinden. Der Soziologe Mark Granovetter wurde berühmt für seine Untersuchungen zu »starken« und »schwachen« Beziehungen in Netzwerken. Warum sorgen gerade die »weak ties« für den Erfolg der Akteure? Worin liegt die Stärke schwacher Beziehungen? Er fand vier Kriterien:

1) Kommunikation vieler,
2) auch Außenstehender,
3) hohe Fluktuation und
4) Ideen gleichsam als Nebenbei-Ereignis, nicht als Ergebnis von Brainstorming-Sitzungen oder von Leuten, deren Beiträge man vorhersagen kann.

Warum dann nicht gleich den Kunden in ein Netzwerk integrieren und als Quelle der Inspiration nutzen? Das ist der Ansatz der *Kooperationsstrategie*, die zu unterscheiden ist von der *Trendstrategie* (Kundenwünschen folgen) und der *Avantgardestrategie* (Kundenwünsche provozieren). Früher wurden Kunden allenfalls einbezogen, wenn Produkte individuell angepasst oder personalisiert werden sollten. Für die Erweiterung des digitalen Leistungsangebots sollten Sie Kunden aktiv und kontinuierlich über den gesamten Produktlebenszyklus beteiligen – von den ersten Ideen über die ersten Prototypen bis zu späteren Neuauflagen. Open Innovation, Social Commerce, Peer Production, Crowdsourcing – das sind die Mittel für die im doppelten Sinne »kreative« Einbindung von Kunden. Vor allem KMUs haben hier Vorteile, weil sie mitunter sehr eng mit ihren Kunden vernetzt sind.

Wenn darunter Kunden sind, für die Ihr Produkt erfolgskritisch ist, arbeiten diese gerne an der Produktentwicklung mit. Nestlé etwa hat neue Kaffeesorten in Fußgängerzonen verkauft.

Sie lesen richtig: verkauft. Die Kunden haben den Test-Kaffee bezahlt – und sich umso intensiver mit dem Kaffee beschäftigt und detailliert ihre Meinung geäußert. Hätte man den Kaffee verschenkt, wäre er mitgenommen und nicht weiter beachtet worden. Auch der Konsumgüterhersteller Procter & Gamble ist berühmt für seine kundengenerierten Innovationen. Mit vielen Vorteilen für das Unternehmen:

- Time-to-Market: Außenstehende übernehmen zeitraubende Arbeiten
- Cost-to-Market: Kosten lassen sich sparen, wenn zum Beispiel Prototypen von Außenstehenden gebaut werden
- Fit-to-Market: Produkte sind näher an den Kundenbedürfnissen

Fazit: Was immer Sie an Kreativität im Sinn haben – binden Sie so früh wie möglich Kunden ein. Diese wissen am besten, welche Bedürfnisse durch Digitalisierung realisiert werden können. Nur so hat Kreativität eine Chance, zur Innovation zu werden. Und erst dann können Sie Geld verdienen.

31.

Lead-User. 54 Prozent der Internetnutzer berücksichtigen laut GlobalWebIndex vor einem Kauf die Meinung anderer Kunden im Netz. Die Amplifizierungseffekte des Peer2Peer-Supports sind daher als erheblich einzustufen. Das Lead-User-Konzept hat sich bei dieser Kundenmobilisierung als besonders ertragreich erwiesen. Das Konzept geht davon aus, dass jeder Mensch ein Produkt hat, das ihm besonders lieb ist. Es sind oft enthusiastische Kunden, denen das standardisierte Warenangebot nicht reicht. Sie entwickeln Eigenlösungen, die aber Potenzial für kommerzielle Marktrelevanz haben. Man denke an die millionenfachen Modifikationen im E-Gitarrenbau. Im Gegensatz zur traditionellen Kundenorientierung durch Marktforschung wird hier der Consumer zum »Prosumer«.

Als Führungskraft sollten Sie daher den eigenen Blick und den Ihrer Mitarbeiter auf die Kunden-Communities lenken und dort Prototypen identifizieren, die Lead-User zur Eigennutzung entwickelt haben. Der Optimierungsdrang der Kunden spielt Ihnen so in die Hände. Das »Social Influencer Scoring« kann diese äußerst aktive Kundengruppe identifizieren. Monetäre Anreize sollten Sie meiden – diese sind nicht nur unnötig, sondern sträflich. Nur Söldner bezahlt man. Für wirkliche Liebe lässt sich niemand bezahlen.

Als prominentes Beispiel gilt Lego. Der dänische Spielzeugriese schleifte die Mauern zwischen außen und innen und etablierte eine für alle zugängliche Digital-Plattform. Diese bot Kindern Spielzeug, Erwachsenen Kreativwerkzeuge, Schulen Lernmaterial und Unternehmen kreative Mittel der Unternehmensentwicklung. Umgekehrt schickten Kinder und Erwachsene ihre Ideen ein, die Lego für neue Produkte nutzen konnte.

Mein Vorschlag: Bauen Sie Ihre digitalen Open-Source-Strukturen aus. Sie sind industriellen Planstellenorganisationen haushoch überlegen. Ein roher, fehlerhafter, oft auch digital erstellter Prototyp reicht meistens aus, um die Entwicklung weiter zur Innovation zu treiben – wenn er zeigt, worin sein Unterschied liegt, was an ihm Besonderes, Vorteilhaftes ist. Orientieren Sie sich am Satz des US-Unternehmers Reid Hoffman: »Wenn Ihnen die erste Version Ihres Produktes nicht peinlich ist, haben Sie es zu spät herausgebracht.« Also, ein bisschen mehr US-Denke ist hilfreich: prototype, prototype, prototype. Wenn Sie bereit sind, auch Teilergebnisse abzuliefern, schaffen Sie kurze Arbeitszyklen. Das ist der Ansatz »Minimum-Viable-Product«: Produkte schnell entwickeln, zügig auf dem Markt testen, Kundenfeedbacks sofort wieder in die Produkte einfließen lassen, wieder raus auf den Markt und wieder testen. Entwicklungszeiten lassen sich so massiv verkürzen, bisweilen bis zu 90 Prozent. Was auch notwendig ist, bevor ein anderer die Marktlücke schließt.

Für diese Beweglichkeit müssen Sie wahrscheinlich Ihre innere Einstellung ändern: Hören Sie auf, nach Perfektion zu streben. Nach der perfekten Lösung, der perfekten Organisation, dem perfekten Produkt. Nullfehlertoleranz zahlt sich aus auf stabilen Märkten, nicht auf Wachstumsmärkten. Ignorieren Sie den »Scheitern-ist-keine-Option«-Gong. In digitalen Zeiten ist es besser, früh, schnell und preiswert zu präsentieren. Gut genug ist auch perfekt.

32.

Wachstumsbeschleuniger. Wenn Sie schon ein paar Jahre in Unternehmen gearbeitet haben, dann wissen Sie, werte Leser, dass geringe Mitarbeiter-Fluktuation ein lachendes und ein weinendes Auge hat. Das lachende freut sich über geringe Transaktionskosten und personale Kontinuität als Zeichen allgemeiner Arbeitszufriedenheit. Es betrachtet wohlgefällig das Unternehmen als »Familie«, deren Mitglieder loyal zueinanderstehen. Wechselwilligkeit ist Verrat, Fehlbesetzungen lösen sich allenfalls biologisch. Das weinende Auge beklagt interne Verkrustung, Beamtenmentalität und fehlende Innovationsneigung. Es betrachtet sorgenvoll, dass Change-Prozesse regelmäßig im Sande verlaufen und der Aufbruch zu neuen Ufern bloß rhetorisch gelingt. In Deutschland verschanzen sich lernunwillige Mitarbeiter hinter hohem Kündigungsschutz.

Die Digitalisierung hat hier einen Paradigmenbruch gebracht. War es früher teurer, einen neuen Mitarbeiter einzustellen als einen alten guten zu halten, so hat die digitale Vernetzung die Transaktionskosten drastisch gesenkt. Man kann sich halt von überall einloggen. Wir sprechen von einer »liquid workforce«, die gleichsam »ortlos« arbeitet und nicht bindungswillig ist. Der »Gig« ist ihr Element, das kurzfristige Engagement. Sollte man sich dennoch fest anstellen lassen, dann hat dieses »fest« eine andere Bedeutung: Die Loyalität gilt weniger dem Unternehmen, sondern einer fachlichen, vom Unternehmen anerkannten Expertise. Aber auch das bindet nur kurzzeitig; die Wechselwilligkeit junger, gut ausgebildeter Menschen ist in den letzten Jahren massiv gestiegen.

Das kann man von vielen Seiten betrachten. Für Unternehmen, die sich digitalisieren wollen, ist das ein Vorteil. Das ist der Befund von Jerome Engel von der Universität Berkeley, der die Folgen des kontinuierlichen Arbeitsplatzwechsels für die

Unternehmen im Valley untersucht hat. Die hohe Fluktuation ist geradezu *Bedingung* für die berühmte Flexibilität der Digital-Unternehmen. Die Fachkräfte sammeln Erfahrungen aus den unterschiedlichen Kontexten, stellen sich immer wieder neu ein und auf. Sie bringen diese Expertise in jedes neue Unternehmen und beschleunigen die verschiedenen Wachstumsphasen der Unternehmen.

Die aus diesem Befund destillierte Arznei bei digitalem Stillstand: Lösen Sie sich von geringer Fluktuation als Ausweis guter Führung. Wertschätzen Sie den Beitrag bindungsunwilliger Menschen. Die geben meistens ihr Bestes. Eine alte Führungsweisheit ist wieder zu ehren: Reisende soll man nicht aufhalten.

33.

Flotter Dreier. Gehören Sie zu jenen, die glauben, fest ange-
stellte Kreative seien genauso fruchtbar wie Koala-Bären in
Gefangenschaft? Sollte das der Fall sein, dann ist das zu rela-
tivieren. Es geht weniger um die Dichotomie fest/frei, sondern
um Passung: Die Mitarbeiter müssen zueinander passen, sich
ergänzen, wechselseitig stimulieren.

Zur Zusammensetzung von Teams ist daher viel geforscht
worden. Zumeist zur psychologischen Passung (Team-Typen).
Diesen Forschungsergebnissen stehe ich skeptisch gegenüber.
Aber zum Thema Teamgrößen darf ich meine Erfahrung in den
Ring werfen: Die produktivste Teamgröße sind *drei* Menschen.
Nicht mehr. Bei drei Menschen kommt es auf jeden Einzelnen
an. Man kann sich konzentrieren, ist weniger von Gruppendy-
namik abgelenkt, Untergruppen bilden sich kaum. Teams mit
fünf Menschen arbeiten schon ineffizienter. Das sind keine wirtschaftlichen Kraftorte mehr, sondern eher politische Veranstaltungen. Man spielt dann zunehmend für die Tribüne, alle wollen präsentieren und repräsentiert sein. Es entwickelt sich eine
Statement-Kultur, und es ist immer einer dabei, der noch etwas
nicht verstanden hat. Gruppen mit mehr als fünf Menschen
können Sie vergessen. Die sind gut für die Kritik, nicht für die
Kreation. Hat sich aus traditionellen Brainstorming-Sitzungen
je etwas Kreatives ergeben? Sie erzeugen allenfalls den »Sound«
der Kreativität. Also, was wollen Sie? Mehr Kreativität und mehr
Innovation in Ihrem Unternehmen? Dann ist das Team mit drei
Personen der richtige Weg.

Ich würde gerne noch mit einem Vorurteil aufräumen. Es ist
keineswegs so, dass ein Team gut zusammenarbeiten muss. Im
Gegenteil: Je besser ein Team zusammenarbeitet, desto weniger
kreativ ist es. Man muss sich aneinander reiben, darf seine Sin-
gularität nicht aufgeben, man ist auf die Heterogenität angewie-

sen. Das haben Forschungen immer wieder gezeigt. Und noch etwas: Es ist tatsächlich so, dass personelle, sachliche und zeitliche Beschränkungen nicht die Kreativität blockieren, sondern im Gegenteil sogar fördern. Personell, wie oben gezeigt, drei Personen. Sachlich: Die Aufgabe muss spezifisch, konkret formuliert und die Rahmenbedingungen müssen abgesteckt sein. Sonst fehlt der Fokus. »Lassen Sie uns mal vollkommen frei denken« führt geradewegs in die Kreativitätsblockade. Zeitlich: Dass es im Innovationswettbewerb heute um Geschwindigkeit geht, ist keinesfalls immer negativ. Not macht erfinderisch, sagt eine alte Weisheit, und oft ist man am kreativsten, wenn die Deadline naht. Ein unbegrenzter Zeithorizont hat jedenfalls noch niemals konzentrativ gewirkt. Und hat deshalb auch nicht Kreativität stimuliert.

34.

Die Garage. Wenn Sie nach einem emblematischen Ort suchen, in dem Kreativität gedeiht, dann ist das die Garage. Früher wurde sie Kindern überlassen. Kann ja nicht viel kaputtgehen. Ein paar Quadratmeter Freiheit. Mit Tradition auch in der Wirtschaft: Apple, Boeing, Disney, Google, Harley-Davidson, Hewlett-Packard – alles Garagengeburten. Auch ein Deutscher startete in einer Garage – Heinz Nixdorf aus Essen. Und natürlich AC/DC, die sich nach der Schule sofort dort verkrochen und nicht mal die Kleidung wechselten. Bis heute nicht.

Niemand weiß, wie Kreativität entsteht. Aber fühlen Sie sich beseelt, sinnenfroh und inspiriert in üblichen Bürogebäuden? Wohl nicht. Eher noch in guten Restaurants, Clubs, Hotels, vor allem in der »freien Natur« – jedenfalls in nicht-antizipierbarer Umgebung. Dort sprudelt die Vorstellungskraft, startet die Assoziationsdynamik, fliegen die Ideen. Dort kann auch eine oft übersehene Kreativitätsquelle angezapft werden: Stille. Studien des Fraunhofer-Instituts zeigen: Gewisse Umgebungen machen Menschen kreativer als andere. Es gibt Atmosphären und Orte, die offensichtlich stimulierend wirken. Es gibt also auch die autoplastische Wirkung architektonischer Botschaften – sie beeinflussen die Einstellung und das Handeln von Menschen.

Das hat Adrian Weiler aufgegriffen, Geschäftsführer des Software-Dienstleisters Inform in Aachen: »Der Erfolg eines Technologieunternehmens gründet auf Kreativität und Initiative, und beides kann man nicht anordnen. Sie entstehen, wenn Mitarbeitern Raum gegeben wird, Innovation aus eigenem Antrieb voranzutreiben.« Das fördert das Unternehmen durch die Architektur des Büro-Campus mit Gebäudegrundrissen in Form von Kleeblättern. Sie sind so gestaltet, dass stets 10 bis 14 Menschen eng zusammenarbeiten, die sich mit der Zeit gut kennen und informell sehr effizient zusammenwirken können.

Im digitalen Zeitalter heißt die Garage »Lab«. Man findet sie vor allem in Berlin, der Stadt mit der höchsten Lab-Dichte. Es sind offene Architekturen, man sitzt auf Europaletten (weiß gestrichen im Porsche Digital Lab), bunten Kissen oder Möbeln vom Sperrmüll. Das erinnert bisweilen eher an ein Kinderparadies als an ein Büro. Vor allem Internetkonzerne haben bei der Bürogestaltung neue Maßstäbe gesetzt – zum Beispiel das »Total Office« von Alphabet/Google. Eine anregende Arbeitsumgebung ist gleichsam die »body language« der Organisation. Sie kann sprechen: »Hier ist kreatives Arbeiten gewünscht!«

Wenn Sie sich also umschauen, dann können Sie sich das abschauen: Schallabsorbierende Flächen, flexibel und schnell verschiebbar, sollten grundsätzlich zur Verfügung stehen. Sie sind umso wichtiger, je mehr Büros es gibt, in denen Besprechungsräume und Einzelbüros ineinander übergehen. Lärm wird von den meisten Mitarbeitern als störend empfunden. Setzen Sie sich mit Ihren Mitarbeitern zusammen: Was können wir – auch im Kleinen – ändern, damit eine anregende Atmosphäre entsteht? Nehmen Sie auch einen Innenarchitekten/Raumgestalter hinzu. Wenn Sie sich informieren wollen, wie man das mit kleinen Mitteln schaffen kann, suchen Sie im Internet nach der Gesamtschule in Potsdam. Eindrucksvoll! Und bedenken Sie grundsätzlich dies: Die kreativitätsfördernde Struktur von Gebäuden ist zutiefst und untrennbar verbunden mit Ihren natürlichen Gefühlen (Freude, Wohlbefinden, Hingezogensein). Dagegen sollten Sie sich nicht stemmen – weder aus ideologischen Gründen noch aus modischen.

35.

__Raumsprache.__ Konzentration, Kommunikation und Regeneration – diese drei Bedürfnisse muss ein Arbeitsplatz befriedigen, wenn kreative Leistungen unterstützt werden sollen. Keineswegs brauchen Sie dafür immer die Abgeschiedenheit eines Robert Musil, der sich seine Klause vollständig mit Kork auslegen ließ, um von Außengeräuschen ungestört zu sein. Ebenso fördert das Großraumbüro nicht zwangsläufig die Zusammenarbeit (sondern hat eher eine symbolische Bedeutung). Auch das Einzelbüro ist nicht immer kreativitätsfördernd. Manche bevorzugen das Café, manche als Mischform eine Bibliothek oder ein anonymes Open-Space-Bürohaus. Dort kann man in einer Gemeinschaft konzentriert alleine arbeiten.

Entsprechend komplex sind die aktuellen Trends. Vielfalt ist angesagt, jedenfalls keine ovalen Tische mit fester Sitzordnung in lichtlosen Konferenzräumen. Runde oder mehreckige Arbeitstische, rollbar, an denen spontan Treffen stattfinden. Man gestaltet »Mixed Offices«, in denen es flexibel nutzbare Bereiche gibt – Einzelbüros, Großraumbüros, Kleingruppenbüros. Der Versandhauskonzern OTTO hat gerade sein »Collabor8« vorgestellt. In der höchsten Etage der Firmenzentrale wurde eine nicht-definierte Fläche freigeräumt. Darauf können Mitarbeiter mit flexiblen Möbeln jederzeit das Umfeld kreieren, das zur aktuellen Aufgabe passt.

Fazit: Wenn Sie Kreativität durch Architektur unterstützen wollen, müssen Sie weg vom Standard. Die Mitarbeiter können und sollten ihren individuellen Arbeitsstil selbst entscheiden. Das setzt Wahlmöglichkeiten voraus. Und Vertrauen in die Mitarbeiter. Denken Sie über die _emotionale Wirkung von Räumen_ nach. Betrachten Sie Raum nicht nur als physikalische Größe, die allenfalls Kosten verursacht. Sondern als »Körpersprache der Kreativität«. Dann kann Raum eine Menge leisten.

36.

Dirty Desk Policy. »Wenn ein ordentlicher Schreibtisch einen ordentlichen Geist repräsentiert, was sagt dann ein leerer Schreibtisch über dessen Benutzer aus?« Nun, Albert Einstein ist lange tot und seine rhetorisch gemeinte Frage weitgehend vergessen. Heute gilt ein aufgeräumter Arbeitsplatz als vorbildlich. Moderne Bürokonzepte verlangen ihn sogar: Sie funktionieren nur, wenn die Mitarbeiter jeden Abend ihren Schreibtisch leer räumen. Am nächsten Tag sitzen sie womöglich woanders.

Die Kreativitätsforschung sieht das eher kritisch. Es gibt Studien, die Kreativität von Probanden bewerten, die entweder in aufgeräumten oder in nicht-aufgeräumten Konferenzzimmern arbeiten. Ergebnis: Die Teilnehmer in chaotischen Zimmern hatten signifikant kreativere Ideen (Vohs/Redden/Rahinel). In ergebnisoffenen Situationen wirken chaotische Umgebungen stimulierender. Es verbinden sich verschiedene Hirnareale und lösen originelle Assoziationen aus. Neue neuronale Verknüpfungen entstehen, wenn mit dem herumliegenden Material gespielt wird, zum Beispiel Collagen und Bilder angefertigt werden. Ein nicht übermäßig helles, warmes Licht fördert die Kreativität dabei eher als strahlend kaltes Licht. Sogar die Farbe Grün macht kreativer, jedenfalls deutlich einfallsreicher als die Farbe Rot, die eher Verbotenes signalisiert und zudem aggressiv macht. Auch ein selbstdekoriertes Büro mit persönlichen Gegenständen ist dem kahl-anonymen in puncto Kreativität offenbar deutlich überlegen.

Ein schlimmer Befund für alle »Desk Sharing«-Konzepte oder die »Clean Desk Policy«? Ich plädiere für »Chaosinseln«, für einen bewussten *Wechsel* zwischen Struktur und Freiraum. Der Schreibtisch mag am Abend aufgeräumt sein, aber zwischendrin gibt es Stehtische mit Zetteln, Stiften, Bastelmaterial.

Oder ganze Räume mit entsprechenden Materialien für kreatives Chaos.

Das Wesentliche ist jedoch nicht den räumlichen Voraussetzungen geschuldet, sondern der individuellen *Disziplin:* Niemand ist kreativ, wenn neben ihm ständig ein Smartphone vibriert, blinkt, piept oder einfach nur daliegt. Es lenkt ab, lockt mit Dopamin-Ausschüttung, zieht Aufmerksamkeit auf sich, weil es die Aufmerksamkeit anderer signalisiert: »Andere denken an mich, also bin ich!« Diese »digital distraction« lässt nur seichte Arbeit zu, »fieberhafte Oberflächlichkeit«, wie der Computerwissenschaftler Cal Newport sagt. Das radikal Neue lässt sich so nicht denken. Dafür braucht es *radikalen Fokus.* Also, ich wiederhole es in aller Dringlichkeit: Smartphone weg!

37.

Experimentieren. Die Traditionsfirma Zeiss, bekannt für Ferngläser und Mikroskope, hat vor mehr als zwanzig Jahren erkannt, dass die Leistungsfähigkeit von Chips an Grenzen stößt. Sie experimentierte damit, eine neue Herstellungsweise für Chips zu erforschen; ein Lithographie-Verfahren, das kurzwelliges Licht verwendet. Der interne Widerstand war erheblich. Heute ist die Firma damit zum wichtigen Lieferanten für die Digital-Industrie geworden.

Um das Kreative zu wecken, müssen Sie das »Richtige« über das »Bequeme« stellen. Wie alle Menschen schätzen Sie wahrscheinlich Sicherheit und Bequemlichkeit. Das liegt in unserer Natur. Aber kreativer Fortschritt ist nur möglich, wenn Sie das tun, was richtig ist, notwendig und vorausschauend. Das wiederum produziert *Unordnung*. Es gibt keinen kreativen Prozess ohne Unordnung. Dann müssen Lastenheft und Ablaufplan der Agilität weichen. Agilität ist so ziemlich das Gegenteil von Plan.

Was ist heute unternehmerisches Handeln unter den Bedingungen der digitalen Dauerunruhe? In einer Welt, die nicht der Planung gehorcht und auch nicht der kontrollierenden Mega-Hierarchie, in der Wettbewerber gleichsam über Nacht auftauchen? Gibt es noch Strategien, die diesen Namen verdienen? Ja, die gibt es noch. Die moderne Strategie ist das *Experiment*. Ausprobieren, Testballone steigen lassen, mit dem Scheitern rechnen. Provisorisch, bis auf Weiteres. Mit operativer Gelassenheit, aber mit Abenteuerlust und Neugier im Kopf.

Dabei kann es nicht darum gehen, einfach generell x Prozent irgendeines Etats für Experimente ohne Erfolgserwartung zu reservieren. Sie mögen damit Zufallstreffer landen. Aber Sie verbrennen auch viel Geld. Sie müssen schon die Verhältnismäßigkeit zwischen Investition und möglichem Umsatzeffekt beachten. Aber dann brauchen die meisten Unternehmen deutlich mehr spielerisches Sandkastendenken. Zum Beispiel Laboratorien, in denen Entwickler und Kunden zusammenkommen, um neue Systeme unter realistischen Bedingungen auszuprobieren. Exemplarisch sei Amazon genannt, das extrem viel ausprobiert. Obwohl das Unternehmen seit sieben Jahren schwarze Zahlen liefert – der Gewinn 2016 betrug 2,4 Milliarden Dollar –, empört sich die Wall Street über den hohen Investitionsetat, beklagt ein Effizienzproblem. Consumer-Chef Jeff Wilke ficht das nicht an: »Wer von uns lernen will, sollte sich ansehen, wie wir es vermeiden, selbstzufrieden zu werden. Wir experimentieren ständig, statt auf die eine große Idee zu setzen.« Aber auch Traditionsunternehmen begeben sich auf »Spielfelder«. Beiersdorf (Nivea) hat beispielsweise eine »Digital Factory« eröffnet. Das ist ein Kreativlabor, das abseits bekannter Formen der Arbeitswelt denkt und Wege zur Realisierung beschreitet. Themen sind etwa die Verknüpfung von Digital und Klassik, das Data-Management sowie neue Formen des CRM.

Als Rezept schlage ich Ihnen eine Übung vor, für die ich eine Idee Michael Schrages aufgegriffen und selbst mehrfach durchgeführt habe: den »Fünf-mal-fünf«-Teamworkshop. Dabei müssen fünf Personen aus unterschiedlichen Unternehmensbereichen in fünf Tagen fünf Geschäftsexperimente mit einem Budget von fünftausend Euro entwerfen. Die Umsetzung darf nicht länger als fünf Wochen dauern. Es sollte erhebliche Einsparungspotenziale aufweisen oder entsprechendes Wachstum generieren. Meine Erfahrung: Die meisten Ideen sind von vornherein unbrauchbar. Am Ende bleibt eine Idee übrig, die umgesetzt und in das digitale Leistungsportfolio des Unternehmens übernommen wird. Selbst wenn nicht eine einzige Idee realisiert wird, es stimuliert das Möglichkeitsbewusstsein. Und damit die Resilienz Ihrer Firma.

38.

Mund-Art. »Ärztliche Arbeit ist ein Theater-Schauspiel.« Das behauptete im Jahre 1994 ein Artikel der Universität Ontario, der in der britischen Medizinzeitschrift Lancet veröffentlicht wurde. Die Ableitung daraus: Ärzte sollten Schauspiel-Klassen besuchen, um ihren Job gut zu machen. Den Aufschrei unter der Ärzteschaft können Sie sich vorstellen. Der Artikel erklärt uns allerdings, warum so viele kreative Ideen im Unternehmen nicht in einen digitalen Workflow umgesetzt werden: Weil gute Ideen selten Selbstläufer sind. Damit aus der Idee eine Innovation wird, muss sie erst durch viele Schleusen gelotst werden.

Eine der Schleusen ist die Janusköpfigkeit jeder Leistung. Da sind die *Inhaltsleistung* und die *Präsentationsleistung*. Diese Doppelwertigkeit gilt auch für Ideen. Ideen haben zwar einen Inhalt, aber der muss präsentiert werden, um zur Welt zu kommen. Bitte reiben Sie sich nicht an dem scheinbar »Oberflächlichen« der Präsentationsleistung, das sei doch hohl und schöner Schein, schließlich gehe es doch um den Inhalt. Ich rate zur Vorsicht! Eine nicht präsentierte Idee existiert gar nicht. Sie kann sich nicht entfalten. Und deshalb ist die Präsentationsleistung oft wichtiger als der Inhalt.

Wie aber präsentieren? Versuchen Sie mal, eine Idee digital zu präsentieren! Eine Präsentations-Software zementiert eine Monolog-Atmosphäre und behindert den dialogischen Ideenfluss. Blutleerer geht es kaum. Nein, ich plädiere für den vermittelnden Menschen. Jede kreative Idee, und sei sie noch so »digital«, braucht das Analoge, das Gespräch, den Blickkontakt. Sie muss begeistert vermittelt werden, das Engagement muss physisch spürbar sein. Visualisieren Sie Ihre Ideen mit Papier und Bleistift, später dann mit Filzschreiber und Flipchart. Das wirklich Wichtige sagt man analog.

39.

Scheitern und Fehlern (kein Fehler!). Ich nehme an, Sie kennen die Geschichten der großen Disruptoren, die gescheitert sind, bevor sie erfolgreich wurden. Nennen wir einige moderne Beispiele: Steve Jobs, der zwei Unternehmen in den Sand setzte, bevor er Apple groß machte; Brian Acton, der von Facebook zweimal abgelehnt wurde, bevor er mit seinem Partner Jan Koum WhatsApp erfand; der Tesla-Gründer Elon Musk, der mit seiner Falcon-Rakete Millionen versenkte. Sie alle verbreiten die Lektion, dass es kein Verlieren gibt, sondern nur ein Gewinnen oder ein Lernen. Dass es kein Problem ist, einen Fehler zu machen, aber ein Fehler, es nicht wieder zu versuchen. Und sicher liegt in dieser Immer-wieder-aufstehen-Mentalität einer der Gründe, wieso die Amerikaner gerade auf digitalen Geschäftsfeldern so beeindruckend innovativ sind.

Aber dahinter steckt eine Sprachunklarheit, die in der Praxis für viel Verwirrung sorgt. Das Englische nutzt das Wort »failure« für jede Form des Nichtfunktionierens. Das Deutsche spricht dann oft verkürzt vom »Fehler«. Entsprechend lauten ermutigende Botschaften »Bei uns darf man Fehler machen«, »Fehler sind Lernchancen« oder »Es ist okay, wenn mal was schiefgeht«. Eine neue Fehlerkultur gilt geradezu als Symbol der digitalen Transformation. Das ist zwar gut gemeint, vertauscht aber Kategorien.

Was ist ein Fehler? Wenn etwas organisiert ist, also eine Soll-Vorschrift vorliegt, dann ist ein Fehler eine Differenz zwischen »Soll« und »Ist«. Der muss vermieden werden. Wenn er dennoch passiert – und Fehler passieren nun mal –, dann setzt die Führungsweisheit ein: Handelnd reagieren, nicht anklagend. Aber das darf man nicht aufblasen zum allgemeinen »Fehler sind erlaubt.« Nein, man darf *keine* Fehler machen. Man muss vielmehr alles tun, um sie zu verhindern. Das berühmte Beispiel:

Würden Sie sich in das Flugzeug einer Airline setzen, in deren Leitlinien steht »Bei uns darf man Fehler machen«? Eben.

Ein Fehler ist jedoch deutlich zu unterscheiden vom *Misslingen eines Experiments*. Ein Experiment ist gerade nicht festgelegt, es ist ergebnisoffen, es kann funktionieren, zu etwas führen. Wenn es aber fruchtlos ist, dann ist das kein Fehler, sondern ein *Scheitern*. Ein gescheitertes Experiment. Pharmaunternehmen etwa erwarten hohe Erträge durch erfolgreiche Medikament-Innovationen. Die Mehrheit der Entwicklungen scheitert jedoch. Niemand würde dort von einem Fehler sprechen.

Warum aber ist die Diskussion um Fehler, Fehlerfreundlichkeit und Kreativität zu einem Kernelement der neuen Arbeitswelt geworden? Das hat zu tun mit dem ehrwürdigen Industrie-Paradigma: In diesem beschäftigt man sich mit »Fehlern« nur mit dem Ziel, sie zu *verhindern*. Das ist das Perfektionsstreben, das das einwandfreie Funktionieren eines vordefinierten und standardisierten Solls voraussetzt. Je mehr Soll Sie also vorgeben, desto mehr *erzeugen* Sie ungewollt den Fehler. Das ist altorganisatorisches Denken, das Denken in innovationsfreier Regelhaftigkeit, in Ordnung und Wiederholung. Es verweist auf das Unternehmen als Maschine. Und in den Maschinenbereich des Unternehmens, in den *Hintergrund* gehört es auch, da hat es nach wie vor seine Berechtigung.

Nicht im *Vordergrund*. Denn das Paradigma der Digitalisierung ist ein anderes: Es gibt kein »Soll«, das standardisiert vorgegeben ist und das ein »Ist« als Abweichung begreift. Das vermeintliche »Soll« ist vielmehr ein offener Raum, der viele Wege zulässt, in dem Versuch und Irrtum das grundlegende Prinzip ist. Mein Tipp: Bleiben Sie sprachlich sauber. Sprechen Sie in diesem Zusammenhang nicht mehr vom »Fehler«. Reservieren Sie das Wort für standardisierte und effizienzgesteuerte Prozesse. Bei der Wiedereinführung der Kreativität ins Unternehmen hat es nichts zu suchen.

40.

Return on Failure. Die Lebenserfahrung weiß: Erfolg bestätigt; aber der Misserfolg bringt uns weiter. Weil nur der gescheiterte Versuch eine Lektion enthält. Wenn man die Lektion lernen will! Viele wollen das nicht. Weil, wie oben gesagt, Scheitern und Fehler verwechselt werden. Weil man in einer erfolgssüchtigen Gesellschaft lieber über Gelungenes redet als über Misslungenes. Weil man sein Image als Dauererfolgreicher aufrechterhalten will. Weil man wenig Vertrauen hat zu seiner sozialen Umgebung, zu Kollegen und Chefs.

Damit wird viel Wertvolles verschenkt. Erfahrung zum Beispiel, Mut zum Risiko, Initiative. Aber eben auch die unternehmensinterne Akzeptanz von Misserfolgen. Wer weiß, dass Misserfolge einen weiterbringen, gibt nicht so schnell auf. Fast immer gibt es auch einen Nutzen: Erkenntnisse über Märkte, Kunden, Trends. So wie es Samuel Beckett schrieb: »Ever tried. Ever failed. No matter. Try again. Fail again. Fail better.« Misserfolg kann zum Erfolg werden, wenn Sie im Unternehmen Institutionen bauen, die dieses Wissen allen zur Verfügung stellt.

Es gibt viele Wege, den Schatz misslungener Bemühungen zu heben. Ich kenne einige Manager, die sich wöchentlich kurz mit ihren Mitarbeitern zusammensetzen und »3-F-Besprechungen« (»fast, frequently und forward-looking«) abhalten. Andere machen Ähnliches unter der Umdeutung von »GL«, was in diesem Fall nicht Geschäftsleitung heißt, sondern »gemeinsam lernen«. Bei Amazon beginnen auch heute noch wichtige Meetings mit der start-up-typischen Zusammenfassung der jüngsten Fehlschläge.

Ein relativ neuer Ansatz sind die »Fuck-up-Nights« (oder auch »-Days«). Bei diesen Veranstaltungen erzählen Manager regelmäßig und frei von der Leber weg von ihren Irrtümern. Folgende Fragen können den Prozess starten:

- Was haben Sie durch das gescheiterte Projekt über Kunden/ Märkte/sich selbst gelernt?
- Welche direkten und indirekten Kosten sind entstanden?
- Gab es auch etwas Gutes im Schlechten?
- Wie hoch würden Sie den »Return on Failure« schätzen?
- Können Sie Ihre Lehre daraus in einem Satz zusammenzufassen?

Halten Sie diese »Schöner-scheitern-Kultur« für eine gutgemeinte Übertreibung? Probieren Sie es aus! Erfahrungsgemäß ist man bei den ersten Runden zurückhaltend. Aber wenn es gelingt, dann regen Sie Menschen dazu an, Risiken einzugehen, sich mehr Initiative zuzutrauen. Das hat eine ganz andere Dimension als die braven Meetings zu »lesson learned« und »Erfahrungsaustausch«.

Ein Tipp zur Praxis: Ermutigen Sie die Teilnehmer, sich nicht hinter Geschichten zu verstecken, die weit zurückliegen; davon lernt man wenig für die aktuelle Situation. Und noch ein Tipp: Beginnen Sie selbst, brechen Sie das Eis. Ein Versuch ist es wert. Und ein allerletzter Tipp, gleichsam als Kleinausgabe der Fuck-up-Night: Stellen Sie keinen Bewerber ein, der nicht wenigstens einen selbstverursachten Flop nennen kann. Der übersieht nämlich auch die vielen Chancen, die die Digitalisierung eröffnet. Wie beim Fußball: Wer noch nie am Tor vorbeigeschossen hat, schießt einfach zu selten drauf.

41.

Controlling digital. Die digitale Transformation verändert die Arbeit nahezu aller Funktionsbereiche im Unternehmen. Manche Jobs sind bedroht, manche erfahren eine Aufwertung. Zukünftig werden vor allem solche Aufgaben erhalten bleiben, in denen Kreativität, Einfühlung und Überzeugungsvermögen gefordert sind.

Schauen wir in einen Bereich, der normalerweise nicht für diese Aspekte steht: das Controlling. Was macht traditionell den Finanzbereich aus? Es ist die *Realitätssicherung* arbeitsteiliger Organisationen. Zudem oft ein Ort mit ungewöhnlichem Mangel an Phantasie. In diesem Kernbereich erlauben digitale Techniken hohe Produktivitätsgewinne – von der Standardisierung unternehmensweiter Massenprozesse bis zum digitalen Cockpit für Vorstände, Investoren und Abschlussprüfer. Zukünftig viel wichtiger aber wird es für den Finanzbereich sein, *Spielräume für Agilität zu orchestrieren.*

Controlling darf sich nicht auf geheimnislose Rechenhaftigkeit beschränken. Die Abgezähltheit der Schweißtropfen ist nur sehr begrenzt werttreibend. Kurzfristiges Zielerreichen verweist nicht mehr (oder nur noch auf sehr aggregierter Ebene) auf gute Managementleistung. Wenn neue Ideen ausprobiert werden sollen, kann man nicht den nächsten Planungszyklus abwarten. Da muss man agiler werden. Ein flexibles Unternehmen spiegelt mithin seine Flexibilität auch im Finanzbereich. Vor allem in Unternehmen, die selber Innovationen entwickeln, muss das Controlling eher Prozesse begleiten als Ergebnisse sichern. Wenn geplant werden muss, dann vereinfacht und allenfalls mittlere Reichweite. Eher als Koordination zeitlich begrenzter Projekte. Es ist wichtig für die Controller, die Kontrollillusion mental fahren zu lassen, nicht zu glauben, man könne alles im Griff haben. Die traditionelle Berechtigung des

Controllings wandert ab in die IT, in die Antwortwelt der Digitalisierung. Die Daten entgleiten dem Controlling. Was die IT jedoch nicht übernehmen kann: das kritische Hinterfragen, den unternehmerischen Charakter, das Ausprobieren von Hypothesen – das ist Aufgabe des Controllings. Die Auswahl der Daten, ihre Beurteilung und die sich daraus ergebenden Fragen – das ist das neue Rollenverständnis des Finanzbereichs.

Wenn man Ökosysteme im Markt baut, also einen Verbund von Systemen mit Synergiewirkung, dann erfordert das einen Wechsel im Mindset des Controllings. Es ist viel einfacher, einzelne Services oder umsatzmaximierte Produkte isoliert zu rechnen, als Ökosysteme zu betrachten. Einerseits darf man nicht kommerziell sinnlose Services mit dem Argument etablieren, dadurch das digitale Ökosystem zu verteidigen. Andererseits muss man einen Blick für die Zusammenhänge entwickeln. Das war bisher selten die Stärke des Controllings.

Eine Arznei, die nicht nur zur äußeren Anwendung taugt: Unterziehen Sie Ihr Controlling einer Frischzellenkur. Klären Sie, was Aufgabe von IT ist und was Aufgabe von Controlling. Sie werden sich freuen, eine Vitalisierung der Controller ist nicht zu übersehen.

42.

Am Rand. Der große historische Moment der deutschen Geschichte war die Zeit um 1800. Viele Städte verwandelten sich in Treibhäuser der Kreativität. In Weimar, Jena, Marburg, Göttingen und Halle drängten sich die unterschiedlichsten Begabungen – was Madame de Staël zu der Bemerkung veranlasste, dass Europas größte Denker »hinter Butzenscheiben« arbeiten. Nie vorher (und nie nachher) hat man sich wechselseitig so befruchtet, gegenseitig in Bestform getrieben, sich das Höchste zugetraut. Ein ungeheuer lebendiges Geistesleben. Die Bedingung dafür ist unstrittig: viele, kleine und unabhängige Staatsgebilde. Diese Konstellation erzeugte eine »vivizierende« Kraft (Novalis), einen Stromstoß an Lebendigkeit. Na, wenn das keine wunderbare Einleitung ist!

Und heute? Die besten Universitäten unserer Zeit, Harvard, Stanford, Yale, Cambridge, Oxford und die ETH, liegen abseits der Metropolen. Ebenso Start-ups, die die Welt veränderten. Sie haben ihre Adressen in Mountain View, Sunnyvale, Palo Alto, Los Alamos, also in Gemeinden mit sechzigtausend Einwohnern. Dort kann, so Martin Heidegger, »die Durcharbeitung eines Gedankens ... hart und scharf sein«.

Was sagt uns das? Wenn wir über Kreativität nachdenken, dann ist Betriebsgröße ein Haupthindernis. Riesenkonzerne sind Opfer ihres eigenen Erfolges: »Das-haben-wir-immer-schon-so-gemacht!« Aber die Zeichen mehren sich, dass kleine und mittlere Unternehmen aus der Provinz die Stars der nächsten 25 Jahre sein werden. Schon beim Blick auf die bahnbrechenden Neuerungen der jüngsten Jahre fällt auf, dass sie nicht aus Großbetrieben in Metropolregionen hervorgingen. Das gilt sowohl für das Internet als auch für die Industrie und das Dienstleistungsgewerbe.

Die Gründe dafür sind vielfältig. Ein Grund mag Sie überraschen, denn das ist eine Frucht relativ neuer Forschung: Große Unternehmen in großen Städten *lenken zu sehr ab*. Zunächst ist schon der Unterhaltungswert von Großunternehmen riesig, ein großes Theater mit Haupt- und Nebendarstellern, Vorhängen, Souffleuren, Besetzungen und Fehlbesetzungen, endlosem Getratsche und dauernden Unterbrechungen. Kein guter Ort, wenn man den üblichen Methoden einen kreativen Schritt voraus sein will. Zudem sind große Städte Zerstreuungsgeneratoren – sie drechseln Kurzweil. In ihnen findet man selten die »lange Weile«, die für Konzentration unerlässlich ist. Meine eigenen Erfahrungen sind hier richtungsgleich mit Eric Weiners *The Geography of Genius:* Große Ideen entstehen an kleinen Orten. Orte, die zwar groß genug sind, um interessante Leute zu treffen, aber klein genug, um sich auf seine kreative Herausforderung zu fokussieren. Das Athen des Sokrates, das Florenz der Renaissance, die Stanford University von heute.

Meine Empfehlung: Machen Sie keine Niederlassung in Berlin auf, auch nicht im Silicon Valley, in Tel Aviv oder in London. Die allseits gelobte Netzwerk-Arbeit, die instabil ist und immer nur von Potenzialen lebt, die können Sie vergessen. Schon weil sie ortlos ist. Gehen Sie vielmehr in kleine bis mittelgroße Städte in der Nähe von Flughäfen. Zum Beispiel nach Provo, Utah, wo die Brigham Young University sitzt, die beste Jobbörse der Gegenwart. Oder gehen Sie nach Bristol oder Bordeaux. Oder nach Pforzheim. Der Ort, der Kreativität wahrscheinlich macht, ist der Rand. Nicht die Metropole.

43.

Kreativität und Karriere. Wenn man Karriere als Filter zur Macht begreift, dann ist es das Verdienst des Beförderungsprozesses, dass kein Quertreiber in den Genuss von Privilegien kommt. Darüber werden wir uns wohl kaum in die Haare kriegen. Aber damit ist es auch unwahrscheinlich, dass ein Mensch, der Karriere gemacht hat, nennenswerte Veränderungen herbeiführt. Der Manager als »schöpferischer Zerstörer« ist ein Wunschbild. Es ist ein durch das Karrieresystem bewusst ausgeschlossener Eventualfall. Der Manager ist eben kein Unternehmer. Sondern Verwalter: Er verwaltet das Geld und die Renditeerwartungen anderer Leute – was man ihm nicht vorwerfen darf; auch wenn es Ihnen nicht gefällt. Sollte es Ihnen also um sozialen Aufstieg gehen, dann sind Sie mit Ordnung und Mehr-vom-Selben besser bedient. Damit lässt es sich in den meisten Organisationen auch besser aushalten. In einem Wort: Die wenigsten Kreativen machen Karriere.

Aber vielleicht wollen Sie ja gar keine Karriere machen. Weil es Ihnen um ein Leben geht, das *intensiver* ist. Dann ist der kreative Weg der erfolgreichere. Denn Neu-Gier, riskantes Denken und Ideen-Reichtum erhöhen die Intensitätschancen. Das ist die Energie, die unser individuelles Leben wie Wind in den Segeln vorwärtstreibt. Für diese gesteigerte Vitalität kann man nicht objektiv argumentieren. Die müssen Sie subjektiv entscheiden. Aber es ist die notwendige Vorbedingung für das Erscheinen des Neuen – ohne es garantieren zu können. Es ist noch nicht einmal klar, ob Sie es bewusst anstreben können. Aber eines können Sie entscheiden: dass Sie *lieben*, was sie tun. Dass Sie ein »Amateur« sind, dem Wort nach ein »Liebender«. Dann ist die Kreativität nicht Mittel zu einem anderen Zweck, sondern Selbstzweck. Das hat zumindest einen ungeheuren Vorteil: Es macht unabhängig. Das ist Freiheit.

HINTERHER:
WARUM WIR UNS FREUEN KÖNNEN

Die industrielle Technik hat die alte Welt mechanisiert und standardisiert. Die digitale Technik der neuen Welt fördert paradoxerweise das, was die industrielle Technik unterdrückte: den Menschen als Gestalter, nicht nur als Ausführenden. In den Unternehmen konkretisiert sich dies als Wiedereinführung des Kunden, der Kooperation und der Kreativität. Das Allgemeine und Effiziente tritt in den Hintergrund; das Besondere und Effektive in den Vordergrund. – Das ist die zentrale These dieses Buches, von der sich die 111 Führungsrezepte ableiten.

Vielleicht fragen Sie: Wiedereinführung? Steht nicht vielmehr die »Ausführung« des Menschen auf dem Programm, seine Abschaffung? Werden nicht Arbeitsplätze vernichtet? Möglicherweise können Sie kaum entscheiden, ob die Digitalisierung für Sie Drohung oder Verheißung ist. »How to survive digitalisation?« titelte der New Mexican und traf damit, an den Klickzahlen gemessen, offenbar den Nerv der Leser.

Wagen wir einen Blick in die Zukunft. Fragen wir zunächst: Wird es eine technologiebedingte Massenarbeitslosigkeit geben? Schon Tiberius hat ja, dem römischen Historiker Plinius d. Ä. zufolge, einen Erfinder von bruchsicherem Glas umbringen lassen – aus Sorge um das Glasmachergewerbe. Lesen Sie dazu folgendes Zitat: »Digitalisierung wird nicht nur dort immer schneller erfolgen, wo sie schon unterwegs ist, sondern auch in Industrien auftauchen, die solchen technologischen Wandel noch vor zehn Jahren ins Reich der fernen Zukunft, wenn nicht der Science-Fiction verbannt hätten.« Der amerikanische Wirtschaftsforscher Warner Bloomberg hat das geschrieben, 1955, vor über 60 Jahren. Ich habe nur das Wort »Automatisierung« durch »Digitalisierung« ersetzt. Was sagt uns das? Genau das, was Wirtschaftshistoriker seit jeher nachweisen: Bei wirtschaftlichen Umbrüchen entstanden schon mittelfristig viel mehr neue Stellen, als alte verschwanden. Und immer kam mehr Wohlstand für alle dabei heraus.

Aber nicht nur Kassandras fällt es leichter, bedrohte alte Jobs zu sehen, als neue, die erst im Entstehen sind. Außerdem, bei allem Respekt, muss sich erst noch erweisen, ob die heutige Digitalisierung tiefgreifender in das Leben der Menschen eingreift, als die Phase zwischen 1890 und dem Ersten Weltkrieg. Damals wurde Europa elektrifiziert, motorisiert, geröntgt und erflogen; es wurden Stickstoffdünger und Adrenalin synthetisiert, das Radio erfunden und die Radioaktivität entdeckt. Warten wir`s ab, wie wir später auf die heutige Gegenwart zurückschauen.

Dennoch, was digitalisiert werden kann, wird digitalisiert werden. Deshalb wird die Digitalisierung Arbeitsplätze vernichten. Vor allem in der Finanzindustrie und im klassischen Handel. Wie viele Arbeitsplätze insgesamt wegfallen, darüber streiten die Prognostiker. Ihre Zahlen sind ebenso spekulativ wie spektakulär: Sie reichen von zehn Prozent bis fast zur Hälfte aller (bisherigen) Arbeitsplätze. Wird das schnell gehen? Nein, kurzfristig – das heißt innerhalb der nächsten acht bis zehn Jahre – wird sich wenig ändern. Langfristig hingegen schon. Dabei gibt es etwas Altes im Umgang mit dem Neuen: Wirtschaftshistorisch wurden die kurzfristigen Auswirkungen technologischer Umbrüche immer überschätzt, die langfristigen unterschätzt. Um viele der verschwindenden Jobs wird es jedoch nicht sonderlich schade sein. Die Massenfertigung hatte ja dazu geführt, dass die Arbeitsplätze immer maschinenähnlicher wurden. Nun werden diese Jobs auch von Maschinen erledigt. Jedenfalls teilweise: Früher waren Roboter und Menschen im Arbeitsprozess streng getrennt; heute ermöglichen hypersensible Sensoren, dass sie miteinander arbeiten können. Wird man in hundert Jahren irgendwelchen langweiligen Bürojobs oder aufreibenden Über-Kopf-Arbeiten eine Träne nachweinen? Und zeigen die Umfragen nicht schon lange das Bedürfnis der Mitarbeiter nach sinnvollen und kreativen Aufgaben? Dafür bestehen realistische Chancen!

Zudem werden neue, andere Aufgaben entstehen (High Tech / High Touch). Ein neuer Job in der Hochtechnologie schafft vier Stellen im Dienstleistungsbereich. Sehr viel mehr Menschen werden IT-Systeme pflegen und überwachen. Man wird sogar Arbeitsplätze aus Schwellenländern in die Industriestaaten zurückverlagern, weil ein intelligenter Einsatz der Mensch-Roboter-Kooperation die Billiglohnländer unattraktiv macht. Kollege Künstlich wird auch Menschen mit Behinderungen eine Chance geben; SAP hat kürzlich 120 autistisch veranlagte Menschen eingestellt. Ob das per Saldo mehr Arbeitsplätze schafft als zerstört, wissen wir noch nicht. Aber ob »diesmal alles anders« werden wird, wie hysterische Stimmen uns glauben machen wollen, ist unwahrscheinlich.

Mehr noch: Geburtenrate plus Zuwanderung kompensieren nicht die Sterblichkeit in Mitteleuropa. Zudem verlassen die geburtenstarken 50er- und 60er-Jahrgänge den Arbeitsmarkt. Geburtenschwache Jahrgänge kommen. Es würden mehrere Millionen Arbeitskräfte fehlen, bliebe der Bedarf ähnlich hoch wie heute. Die Digitalisierung wird daher eher den zu erwartenden Fachkräftemangel lindern.

Fassen wir all diese Entwicklungen zusammen, so müssen wir wohl kein quantitatives Problem fürchten. Aber qualitativ könnte es schwierig werden. Die neuen Jobs werden tendenziell höherwertig sein. Wenn das Technische, die Standardabläufe und Routinetätigkeiten in den Hintergrund treten, werden Menschen gebraucht, deren Fähigkeiten jenseits dessen beginnen. Ein Bankberater wird bald, wenn er morgens sein Büro betritt und den Computer anwirft, 80 Prozent seines früheren Jobs bereits erledigt vorfinden. Es ist alles recherchiert, alles durchgerechnet, alles aufbereitet. Deshalb hat er Zeit für das Wesentliche: für Einzelfälle, für die es Fingerspitzengefühl braucht, das im Französischen »esprit de finesse« heisst. Und es mag ja sein, dass Geldanlage-Roboter einen guten Job machen; aber sie halten dem Klienten nicht die Hand, sie können ihn nicht psychologisch betreuen. Das jedoch macht gerade den Job des Bankberaters aus. Aber das muss er eben auch *können*.

Was heißt das für Sie? Wenn eine Maschine Sie bedroht, können Sie zwischen drei Verhaltensstrategien wählen: Step up – streben Sie weiter hierarchisch nach oben; step aside – gehen Sie in Jobbereiche, die nicht digitalisierbar sind; step in – arbeiten Sie mit intelligenten Maschinen zusammen. Vor allem aber: Bilden Sie sich weiter! Jeder braucht ein Basiswissen »Technologie«. Digital engagiert muss nicht »jung sein« heißen. Versuchen Sie nicht, im Windschatten des Kündigungsschutzes zu überwintern. Das wäre kein Leben, das wäre Ab-leben.

Was aber ist mit der sogenannten künstlichen Intelligenz, von der immer wieder behauptet wird, sie sei bald der menschlichen überlegen? Maschinen, auch wenn sie sich künstlich intelligent nennen, sind zunächst nichts anderes als Blechkästen. Sie verstehen gar nichts. Sie mögen Muster erkennen und auch maschinell lernen. Die heutigen Supercomputer sind Expertensysteme, die jeweils eine Disziplin extrem gut beherrschen und darin jeden Menschen schlagen – vieles aber auch nicht können, beispielsweise mit Ungenauigkeit zurechtkommen oder mit unvollständigen Informationen umgehen.

Besser ist es ohnehin, von »maschineller Intelligenz« zu sprechen. Denn die meisten Roboter müssen von Menschenhand programmiert werden, bevor sie produktiv werden können. Dann aber sind sie sehr produktiv. Was sie nicht sind: lernfähig.

Ein menschlicher Arbeiter braucht zwar länger, um produktiv zu werden, aber er lernt dann schnell und kontinuierlich hinzu. Diese Lernkurve, die mitunter steil ist, unterscheidet ihn massiv vom Roboter. »Noch«, muss man hinzufügen – wir wissen nicht, was die Zukunft bringt.

Maschinen können also intelligent sein im Sinne der Datenverarbeitung. Aber sie werden nie intelligent im menschlichen Sinne sein. Hierzu gehören nämlich Gefühl und Intuition, Weisheit und Klugheit und unklare Wahrnehmung. Und diese Fähigkeiten qualifizieren für Aufgaben, die nur ein Mensch erledigen kann. Für das Kreative, das Individuelle, das Komplexe, das Besondere, das Abwägen, Spüren, Bewerten. Für das Soziale wie Gespräche, Zuwendung, Kontakt. Nur menschliche Intelligenz kann zu einer Stimmung beitragen, die jenseits des Nutzens das Arbeiten werthaltig macht.

Also, Kopf hoch! Wir müssen nicht techno-fatalistisch abdanken. Die Digitalisierung ist kein Grund zum Verzagtsein, zur stummen Unterwerfung unter das unendliche Rauschen der Daten und ihrer Verarbeitungsmaschinen. Vielmehr wird sie – als unbeabsichtigte Nebenwirkung – menschliche Anlage und Begabung neu und höher bewerten. Technologisch unterstützt sind wir dann da, wo wir gesellschaftlich schon immer hinwollten: dass jeder Einzelne zählt. Dass wir in unserer Individualität anerkannt werden.

Diese Wiedereinführung des Menschen in die Unternehmen leitet sich letztlich ab von einer Fähigkeit, die immer dem Menschen vorbehalten bleiben wird: *sich selbst zu widersprechen*. Das zeichnet ihn vor jeder Maschine aus, das ist sein Adel, das ist sein Weg in die Vollständigkeit. Ich bin ja auch nicht immer meiner Meinung.

LITERATUR

Aebi, Doris: Geschäftsmodelle der Zukunft, in: NZZ 25.03.2017, S. 13

Alvares de Souza, Philipp / Mehringer, Martin: Rücksichtslos in Seattle, in: manager magazin 04 / 2017, S. 52–57

Ambos, Tina / Ambos, Björn / Eich, Katharina / Puck, Jonas: Gemeinsam stärker, in: Harvard Business Manager 03 / 2017, S. 14–15

Andreessen, Marc: Why Software is eating the world, in: Wall Street Journal 20.08.2011

Ashoff, Simone: Etwas mehr NASA täte Firmen gut, in: Die Welt 05.05.2017, S. 17

Attridge, Derek: Innovation, Literature, Ethics: Relating to the Other, in: PMLA, Vol. 114, No. 1, 01 / 99

Balzter, Sebastian: Im Büro ist es doch schöner, in: FAS 26.03.2017, S. 24

Barton, Dominic et al: Measuring the Economic Impact of Short-Termism, in: McKinsey Global Institute, 01 / 2017, zit. nach: Harvard Business Manager, 04 / 2017, S. 15

Beck, Henning: Nichts geht über Blickkontakt, in: WirtschaftsWoche 07.04.2017, S. 105

Becker, Thomas A.: Steuerung des Eigensinns, in: OrganisationsEntwicklung 02 / 2002, S. 24–37

Beer, Anthony Stafford: Kybernetik und Management, 1959

Bierhoff, Oliver / Wolff, Toto: There's no 'I' in team, in: FAS 13.08.2017, S. 39

Bilton, Chris: Management and Creativity, Malden 2006

Bös, Nadine: Schluss mit Aufräumen!, in: FAZ 11.03.2017, S. C 1

Boos, Hans-Christian: Wir hätten Steve Jobs für verrückt erklärt, Interview in: manager magazin extra 12 / 2017, S. 21–22

Brechbühl, Beat: Mut zur Regulierungslücke, in: NZZ 25.02.2017, S. 12

Brodsky, Joseph: Ufer der Verlorenen, München 1991

Dobelli, Rolf: Auch Korrigieren ist eine Kunst, in: NZZ 08.04.2017, S. 45

Ebner, Winfried / Hetterscheidt, Marco / Luyken, Alexander: Wie Manager dem Kunden in Echtzeit zuhören, in: Detecon Management Report DMR 1 / 2016, S. 62–67

Feldges, Dominik: Digitalisierung kann nicht warten, in: NZZ 05.04.2017, S. 12

Fischer, Stephan / Weber, Sabrina / Zimmermann, Annegret: Was steckt hinter Agilität?, in: wirtschaft+weiterbildung 05 / 2017, S. 26–29

Friedrich, Anna: Verräterische Muster, in: Human Resources Manager 04 / 2017, S. 26–29

Gebhardt, Birgit: Perspektivwechsel, Leben und Arbeiten im Zeitalter der Vernetzung, in: OrganisationsEntwicklung 04 / 2017, S. 4–11

Gino, Francesca: Rebellen gesucht!, in: Harvard Business Manager 02 / 2017, S. 18–35

Goschy, Wilhelm / Rohrbach, Thomas: Revolution jenseits der Werkhalle, in: OrganisationsEntwicklung 02 / 2017, S. 4–9

Grant, Adam M.: Wie Kunden Mitarbeiter motivieren, in: Harvard Business Manager 08 / 2011, S. 67–71

Groth, Torsten: Lerne Gegensätze zu lieben, in: in: wirtschaft+weiterbildung 05 / 2017, S. 22–25

Gürtler, Detlef: Workstyle, in: next: Das Magazin für Vorausdenker, 12 / 2016, S. 26–27

Haffke, Ingmar / Cante, Alessandro: Digitale Megatrends entlang der Customer Journey, in: Detecon Management Report DMR 01 / 2016, S. 8–15

Harari, Yuval Noah: Big Data, in: Schweizer Monat 10 / 2017, S. 52–57

Helbing, Dirk: Ein neues Spiel beginnt, in: NZZ 05.12.16, S. 8

Helbing, Dirk: Wir sehnen uns nach Superman, in: Human Resources Manager 04 / 2017, S. 31–37

Herzog, Lisa: Wagt mehr Demokratie, in: FAS 04.12.2016, S. 26

Hirschi, Caspar: Die Automatisierung der Angst, in: FAZ 26.05.2017, S. 9

Hofert, Svenja: Agiler führen, Wiesbaden 2016

Holeska, Jürgen: Stark durch Wandel – von der Strategie zum neuen Managementsystem, in: changement 02 / 2017, S. 24–29

Hollstein, Walter: Männer haben keine Zukunft, in: FAS 26.03.2017, S. 49

Holm-Hadulla, Rainer M.: Psychische Störungen und Kreativität, in: Universitas 02 / 2017, S. 17–29

IBM 2010 Global CEO Study, IBM News Release, 18.05.2010

Kaiserswerth, Matthias: Der grosse Umbau, in: Schweizer Monat 4 / 2017, S. 54–57

Keese, Christoph: Silicon Valley. Was aus dem mächtigsten Tal der Welt auf uns zukommt, München 2014

Keiling, Tobias: Logische und andere Räume, in: Deutsche Zeitschrift für Philosophie, 2016, S. 720–737

Kelley, Tom: The Art of Innovation, New York 2001

Kelly, Kevin: What Technology Wants, New York 2010

Kern, Dieter: Erfolgreich führen im Wandel, in: changement 01 / 2017, S. 18–20

Kiani-Kress, Ruediger: Konter gegen das Valley, in WirtschaftWoche 24.03.2017, S. 41–42

Kielsmanegg, Peter Graf: Populismus ohne Grenzen, in: FAZ 13.02.2017, S. 6

Klotz, Ulrich: Vergangenheit und Zukunft der Arbeit, in: Universitas 12 / 2011

Kühl, Stefan: Die Dimension Macht: Funktion bei Veränderungen, in: changement 02 / 2017, S. 20–23

Krejci, Gerhard P. / Groth, Torsten / Schön, Nele: Alte Antworten auf neue paradoxe Herausforderungen, in: OrganisationsEntwicklung 03 / 2016, S. 17–22

Landgrebe, Jobst: Nutzbringende Automaten, in: Schweizer Monat 10 / 2017, S. 62–63

Malik, Fredmund: Navigieren im Aufbruch zu einer neuen Welt, in: next: Das Magazin für Vorausdenker, 12 / 2016, S. 6–7

Manjoo, Farhad: It smelled something like Pizza: New documents reveal how Apple Really Invented the iPhone, in: Slate 10.09.2012

Mayer-Schönberger, Viktor / Ramge, Thomas: Das Digital, Berlin 2017

Meffert, Jürgen / Meffert, Heribert: Eins oder null, Berlin 2017

Menn, Andreas / Daemon, Kerstin: Erfinden mit Methode, in: WirtschaftsWoche 31.03.2017, S. 58–62

Huizingh, Eelko,: Scheitern Sie früh, preiswert und schnell, Interview in: WirtschaftsWoche 31.03.2017, S. 63

Meyer, Jens-Uwe: Das Edison-Prinzip, Frankfurt 2008

Meyer, Jens-Uwe: Radikale Innovation, Göttingen 2012

Newport, Cal: Deep work, New York 2016

Niedner, Barbara: Die Natur plant nicht!, Interview in: Handelsblatt 27. / 28. / 29.01.2017, S. 58–59

Nosthoff, Anna-Verena / Maschewski, Felix: Das Netz ist nie neutral, in: NZZ 27.06.2017, S. 39

Obermaier, Robert: Industrie 4.0 ist kein Programm zur Effizienzsteigerung, in: FAZ 16.01.2017, S. 16

Ortega y Gasset, José: Der Aufstand der Massen, Hamburg 1956

Park, C.W. / Sethi, R. / Smith, D.C.: Cross-Functional Product Development Teams, Creativity, and Innovativeness of New Consumer Products, in: Journal of Marketing Research 2001

Parker, Martin: Organizational Culture and Identity, London 2000

Petersdorff, Winand von: Erfolg macht dumm, in: FAS 17.03.13, S. 40

Pferdt, Frederik: Wir müssen Fragen stellen wie Kinder, Interview in: FAS 10.12.16, S. C 2

Pfister, Stefan: Digitaler Bruch mit der Vergangenheit, in: NZZ 25.08.2017, S. 10

Pidas / ZHAW: Kundenservice im digitalen Zeitalter, Benchmarkstudie 2017

Piller, Frank: Mass Customization und Kundenintegration: Neue Wege zum innovativen Produkt, Düsseldorf 2003

Probst, Maximilian: Verbindlichkeit. Plädoyer für eine unzeitgemäße Tugend, Hamburg 2016

Probst, Maximilian: Was gültig bleibt, in: Die Zeit 15.12.2017, S. 52

Radermacher, Ingo: Digitalisierung selbst denken, Göttingen 2017

Reckwitz, Andreas: Die Gesellschaft der Singularitäten, Berlin 2017

Reichwald, Ralf / Piller, Frank: Interaktive Wertschöpfung: Open Innovation, Individualisierung und neue Formen der Arbeitsteilung, Wiesbaden 2006

Reuß, Roland: Ende der Hypnose, Frankfurt 2012

Richter, Hedwig: Man weiß so wenig, in: FAZ 16.08.2017, S. N3

Ridley, Matt: Wie Innovation entsteht, in: Schweizer Monat 07 / 2016, S. 18–21

Ridley, Matt: The Evolution of Everything, London 2015

Rössler, Beate: Autonomie. Ein Versuch über das gelungene Leben, Berlin 2017

Rummel, Matthias: Führung im Zeitalter der Digitalisierung, in: Objektspektrum, 05 / 2016, S. 34–39

Shapiro, Carl / Varian, Hal: Online zum Erfolg: Strategie für das Internet-Business, 1999

Scheele, Martin: Der Glaubenskrieg um die künstliche Intelligenz, in: Human Resources Manager 04 / 2017, S. 20–24

Schmidt, Kristin / Freitag, Lin: Weniger klagen, mehr machen!, in: WirtschaftsWoche 27.01.2017, S. 23–26

Schrader, Matthias: Transformationale Produkte, Ottensen 2017

Schweinsberg, Klaus: Wenn der Zufall mitregiert, in: Die Zeit, 10.02.2000, S. 55

Seelig, Tina: Lebe lieber innovativ, München 2012

Sieger, Heiner: Segel setzen, in: next: Das Magazin für Vorausdenker, Dezember 2016, S. 26–27

Simon, Herbert A.: The Proverbs of Administration, in: Public Administration Review 1 / 1946, S. 53–67

Spiesshofer, Ulrich: Was einen CEO um den Schlaf bringt, in: NZZ 07.04.2017, S. 12

Steinacker, Léa: Wie schwache Beziehungen starke Wirkungen erzeugen, in: WirtschaftsWoche 17.03.2017, S. 55

Rudolf Steiner, Theosophie und soziale Frage, in: Lucifer Gnosis Nr. 32, 14.08.1906

Stock-Homburg, Ruth: Von den Besten lernen, Interview in: brand eins, 04 / 2017, S. 104–108

Tapscott, Don / Williams, Anthony: Wikinomics. How Mass Collaboration Changes Everything, London 2006

Tombeil, Anne-Sophie: Arbeitswelt in Bewegung, in: next: Das Magazin für Vorausdenker, Dezember 2016, S. 26–27

Vohs, Kathleen / Redden, Joseph / Rahinel, Ryan: Bürochaos, Uni Minnessota

Wahl, Erik: Unthink. Rediscover your creative genius, New York 2013

Weiler, Adrian: Den Wandel mitdenken, in: Harvard Business Manager Spezial 2017, S. 36–37

Weinert, Franz Emanuel / Waldmann, M.: Intelligenz und Denken – Perspektiven der Hochbegabungsforschung,, Göttingen 1990

Weißenberger, Barbara: Dem Finanzvorstand entgleiten die Daten, in: FAZ 16.01.2017, S. 16

Welter, Friederike: Mittelstand versus Silicon Valley, in: FAZ 08.09.2017, S. 20

Zimmer, Dieter: Wenn Kreativität zu Innovationen führen soll, in: Harvard Business Manager 01 / 2001, S. 42–56

Zucker, Alain: Der Laden für alles, in: NZZ 25.06.2017, S. 20–21

Pflichtlektüre
für Führungskräfte

Reinhard K. Sprenger
Das anständige
Unternehmen
384 Seiten
ISBN
978-3-421-04706-9

📕 Auch als eBook
erhältlich.

»In den Unternehmen herrscht eine tyrannische Zudringlichkeit: Feedbacks, Befragungen, Rankings, Frauenförderung, das Einklagen von Authentizität, Transparenz und Identifikation – die Reihe lässt sich fortsetzen. Ich habe dieses Buch geschrieben, um einen neuen Anstand am Arbeitsplatz einzufordern: den Anstand durch Abstand. Nur eine Kultur der Distanz schafft Platz für Anderes, Neues und Innovatives. Bewegung braucht Raum. Was wir gewinnen, wenn wir vieles im Management einfach nicht mehr tun, davon handelt dieses Buch.«

Reinhard K. Sprenger

»Reinhard K. Sprenger ist auch 25 Jahre nach seinem Debüt frisch und provozierend. Er bleibt einer der wenigen echten Vorausdenker abseits des Mainstreams.«

Hamburger Abendblatt